中国古桑

资源考察与保护

中国农业科学院蚕业研究所　江苏科技大学　西南大学

主　编　刘利　李龙　鲁成

副主编　张林　赵卫国　赵爱春

中国农业科学技术出版社

图书在版编目（CIP）数据

中国古桑资源考察与保护 / 刘利，李龙，鲁成主编 . -- 北京：中国农业科学技术出版社，2021.12

ISBN 978-7-5116-5618-6

Ⅰ.①中… Ⅱ.①刘…②李…③鲁… Ⅲ.①桑树—植物资源—中国 Ⅳ.①S888

中国版本图书馆 CIP 数据核字（2021）第 262226 号

责任编辑 崔改泵
责任校对 贾海霞
责任印制 姜义伟 王思文

出 版 者 中国农业科学技术出版社
　　　　　北京市中关村南大街12号　　邮编：100081
电　　话 （010）82109194（编辑室）　（010）82109702（发行部）
　　　　　（010）82109709（读者服务部）
传　　真 （010）82109698
网　　址 http://www.castp.cn
经 销 者 全国各地新华书店
印 刷 者 北京地大彩印有限公司
开　　本 210 mm×285 mm　1/16
印　　张 22
字　　数 400千字
版　　次 2021年12月第1版　2021年12月第1次印刷
定　　价 160.00元

《中国古桑资源考察与保护》

编委会

中国是世界蚕桑丝绸产业的起源之地，桑树种质资源丰富，种类众多，分布广泛。中国古桑资源，是桑树中的珍品，既承载着重要的基因信息，又传承着丰富的民族文化，展示着中华民族的古老与文明，具有重要的理论研究与实际利用价值。加强古桑资源考察收集与保护利用，是桑树种质资源工作的重要内容。在科技部科技基础性工作专项、科技部和财政部国家科技资源共享服务平台、农业农村部农作物种质资源保护与利用、财政部和农业农村部国家现代农业产业技术体系等项目支持下，开展了福建、甘肃、广西、贵州、河北、河南、黑龙江、湖北、湖南、江西、山东、山西、西藏、新疆、云南等10余个省（自治区）古桑资源的考察与收集工作。

进行古桑资源考察，掌握古桑资源的分布与生存现状，其目的是为了更好地保护，以至利用。在考察时，利用现代技术和设备，详细记录资源生境条件、准确地理位置、主要形态特征、植株生存状况与生长态势，以便以后的跟踪监测与保护（原生境保护）。同时采集穗条，繁殖成新的植株后，保存入国家种质镇江桑树圃（非原生境保护），进行进一步的鉴定评价、深入研究和有效利用。尽管我国是世界蚕桑起源中心，但在考察中我们发现，随着我国社会经济的快速发展，自然生境的古桑资源不断面临生境变迁的威胁，目前保留存世的古桑资源并不多见，即使在古桑资源相对丰富的西藏、新疆地区，百年以上的古桑也越来越稀少，亟待保护。

古桑资源保护是一项长期性公益性基础性工作，也是一项系统性很强的工作，需要政府支持、行业主管部门重视、业务单位具体实施，需要大量人力、财力和物力的持续投入，特别需要种质资源工作者投入巨大的心血和精力。这项工作，才刚刚开始。"树木是与语言文字、文物并行的人类的第三部史书"，一株古桑，不仅仅是一幅风景，更是一缕乡愁、一段历史、一种精神、一座丰碑。保护古桑资源，不仅仅是保住基因，更是留住乡愁、保护历史、传承精神。

本书的出版，首先要特别感谢中国蚕学会名誉理事长、西南大学向仲怀院士，原江西省委书记、第十届全国人大农业与农村委员会副主任舒惠国先生和中国农业科学院蚕业研究所桑树种质资源专家潘一乐研究员，他们不仅对项目的组织、考察给予悉心指导，而且对于本书的出版给予鼓励和支持！还要感谢全国有关部门及同行在古桑资源考察过程中的大力支持，特别是贵州省蚕业研究所、河北省特产蚕桑研究所、河南省蚕业科学研究院、黑龙江省蚕业研究所、湖北省农业科学院经济作物研究所、湖南省蚕桑科学研究所、江西省蚕桑茶叶研究所、山东农业大学林学院蚕学系、山西省蚕业科学研究院、新疆维吾尔自治区和田蚕桑科学研究所、云南省农业科学院蚕桑蜜蜂研究所、云南省楚雄州茶桑站、云南省双柏县农业农村局、云南省鹤庆县茶桑果药站、甘肃省敦煌市自然资源局、甘肃省康县蚕桑中心、新疆和田玉圣科技有限责任公司等单位的领导、有关专家和工作人员，他们不仅积极提供本地古桑资源信息、安排后勤交通，而且有的还亲自参与陪同考察！

　　本书中所收录的古桑资源只是所有收集资源的部分代表，是全国众多古桑资源的一部分，不免挂一漏万。希望通过本书的出版，有更多的政府机构和民间组织、更多的资源工作者和更多的普通群众积极参与古桑资源的保护工作，弘扬光大中华蚕桑文化。

编　者

2021年11月

目 录

第一章　桑树栽培简史

　　1958年在浙江吴兴县钱山漾新石器时代第四层遗存中出土了残绢片、丝带和丝线，鉴定确认其为先缫后织的桑蚕丝。这表明在5 000年前，桑蚕已驯化为家养。但从蚕桑生产的发展过程来看，古代最早可能是采集野生桑叶养蚕。后来随着养蚕规模的扩大及技术的提高，逐渐开始了桑树的人工栽培。

　　甲骨文中"桑"以桑树为形，往往用作地名。桑象形字共有六种，既是六种不同刻写，又显示了各种不同树形，说明在3 500年前我国桑树栽培技术已有相当水平。先秦史籍曾记载：商代开国君主成汤在位时，七年大旱，成汤于桑林中以身祷雨，后人称为"成汤祷雨"。成汤的名相伊尹，曾是空桑之中的弃婴，被一采桑女所得。从这些文字记载可推测出商代已大量种植桑树。出土的春秋战国时期铜器上，有乔木桑、高干桑及地桑等多种采桑纹饰，可见周代已有较大规模的桑树栽培。到了汉代，蚕桑生产发展更快，几乎遍及全国，此后蚕桑生产中心逐渐由黄河中下游地区移向江南。宋朝时，长江流域的蚕桑生产已超过北方。17世纪，随着蚕丝对外贸易的发展，广东、江苏、浙江和四川已成为发展迅速的四大蚕区。

　　我国历代古书中有很多关于桑树栽培的记载。据《尚书》及《周礼》记载，当时兖、青、徐、豫等州的栽桑养蚕已相当发达。《诗经》"风""雅""颂"各篇章中，几乎都有蚕事活动的记述。《诗经》所载各种植物中，桑出现的次数最多，超过主要粮食作物黍稷。《诗经·豳风·七月》中"女执懿筐，遵彼微行，爰求柔桑""蚕月条桑，取彼斧斨，以伐远扬，猗彼女桑"等叙述表明桑树已经成片栽植，栽培的树形是高干乔木；桑叶收获法，有剥有砍，道理简明，这大概就是到中古时代北方沿传的"留枝留芽"修剪技术的前身。《诗经·魏风·十亩之间》中写道"十亩之间兮，桑者闲闲兮，行与子还兮。十亩之外兮，桑者泄泄兮，行与子逝兮"。从这些记述中可以看出，当时既有大面积的桑林、桑田，亦广泛在宅旁和园圃中种桑。"五亩之宅，树之以桑，五十者可以衣帛矣"（《孟子》），"齐带山海，膏壤千里，宜树桑麻""邹、鲁滨洙、泗，颇有桑麻之业"（《史记》），"还庐树桑"（《汉书·食货志》），"成都有桑八百株，子孙衣食，皆有余饶"（《三国志·蜀书·诸葛亮传》），"瑀为汲郡太守，教民一丁种十五株桑"（《梁书·沈瑀传》）等都记述和反映了我国古代对桑树种植的重视情况。

关于桑树的繁殖及栽培管理措施，很多古籍中均有记载。《夏小正》三月行事历中，反映夏代蚕桑生产有十二字，其中"摄桑、委扬"讲的是有关桑树修剪的事。周初（公元前11世纪），桑树已大面积人工栽培，树型有灌木式和乔木式，伐桑工具用斧。人们已经了解到桑树在水土保持良好的低地生长，根系发达。西汉的《氾胜之书》中对实生桑的种植有详细的记述，"五月取椹着水中，即以手溃之，以水灌洗，取子阴干。治肥田十亩，荒田久不耕者尤善，好耕治之。每亩以黍、椹子各三升合种之。黍、桑当俱生，锄之，桑令稀疏调适。黍熟获之。桑生正与黍高平，因以利镰摩地刈之，曝令燥；后有风调，放火烧之，常逆风起火。桑至春生"。后魏《齐民要术》一书专列"种桑柘"篇，对南北朝当时和以前的我国古代蚕桑技术作了总结性的记述，还记载有桑地间作绿豆、小豆以改良土壤，并以蚕粪肥桑的方法。

《陈旉农书》种桑之法篇中主要介绍了桑树的种子繁殖方法，还提到了压条和嫁接等无性繁殖方法，其中"大率斫桑要得浆液未行，不犯霜雪寒雨，斫之乃佳。若浆液已行而斫之，即渗溜损，最不宜也""斫别去枯摧细枝"等描述则讲的是桑树修剪时期及修剪方法。北宋晚期，北方的鲁桑嫁接技术陆续南移杭嘉湖地区。《王祯农书》记载宋元时期的桑树嫁接法有"身接""根接""皮接""枝接""靥接""搭接"等六种，还记载了"斧""镰""剥刀"等修剪桑树用的工具。明代中叶杭嘉湖地区桑苗的商品性生产已盛行。《沈氏农书》记载了塘河泥肥桑、桑园每年翻耕两次等内容，并详细记述了桑树的修剪方法，指出修整桑树要截去死拳、枯桩，并修掉细弱枝条。1273年《农桑辑要》中记有"锄头自有三寸泽，斧头自有一倍桑"的农谚，说明当时已重视桑地耕耘和桑树的剪伐了。明末清初，栽桑技术又有进一步提高，江浙地区普遍采用中干树形，养成拳式，由于水肥丰足，桑叶产量已达每亩（清朝1亩约等于614.4平方米）千斤（清朝1斤约等于596.8克）的水平。《蚕桑萃编》中对嫁接技术总结了乘天时、精器具、截砧盘、选接头、辨骨肉、判上下、谨嵌贴、慎包裹、通生气、酌去留、戒动摇等一系列经验。

1840年鸦片战争后，随着商品经济的发展及市场供求关系的变化，再加之我国早期蚕桑科研、教育机构的建立，19世纪末20世纪初，我国蚕桑生产得到了很大的发展。1925—1929年，浙江省海宁县桑园面积占到耕地总面积的51%，德清占37%，吴兴占36%。1929年爆发了世界经济危机，国际市场生丝销路停滞，桑园面积又急剧下降。抗日战争时期，苏、浙、皖一带的桑园又惨遭破坏，1949年全国产茧量仅3万吨。

中华人民共和国成立后，党和政府十分重视蚕桑生产，制定了大力发展蚕桑业的方针，提出必须巩固老蚕区，提高桑园和蚕茧的单位产量，并在山区和丘陵地带迅速开辟新蚕区，拓植新桑园，还利用田边、堤岸、宅前屋后等空隙地栽种桑树。中华人民共和国成立初期，蚕茧生产主要集中于太湖流域、珠江三角洲和嘉陵江流域几个地区。由于散植改集中、稀植改密植、高干改低干、桑苗嫁接繁育、桑树病虫害防治、桑园肥培管理等新技术的应用以及新品种的推广，20世纪60年代以来，新蚕区不断建立，蚕桑生产遍及全国，其中具有一定规模的省（自治区、直辖市）有10多个。由于政策的引导和科技的推动，1970年我国的蚕茧产量超过日本，成为最大的蚕茧生产国；1977年我国生丝产量超过日本，成为最大的生丝生产国。目前，我国桑园面积约1 200万亩（现代1亩≈667平方米，下同），年产蚕茧约70万吨，占世界总产量的70%以上，年产生丝约15万吨，占世界总产量的80%以上。蚕桑产业为我国消除绝对贫困，全面建成小康社会，作出了重要贡献。进入新时代，"立桑为业，多元发展"理念已深入人心，蚕桑产业进入高质量发展新阶段。

第二章 桑树的起源与演化

一、桑树的起源

中国是世界蚕业的发源地，养蚕缫丝织绸已有5 000多年的历史。中国也是桑树的重要起源中心，各地均有桑树分布。桑树属桑科（Moraceae）桑属（*Morus* L.），是落叶性多年生木本植物，主要作为家蚕饲料植物广泛栽培，近年来其多种价值被开发利用。

桑树被普遍认为起源于北半球，特别是喜马拉雅山脉，延伸到南半球的热带地区。第三纪早期桑科化石的发掘进一步证实了桑树起源于北半球，后来迁移到南半球。有研究者通过分子系统分析，发现桑科植物起源于中白垩纪，在第三纪沿着多条路径向世界扩散，揭示了桑科植物的早期多样化在欧亚大陆，后移至南半球。地质古植物学研究认为，桑树是属于西藏第三纪的植物之一。时至今日，在中国西藏仍有大面积的古桑群落，说明西藏地区是桑的起源地之一。

二、桑树品种发展概况

我国桑树品种资源极为丰富。几千年来，历代劳动人民在生产实践中选育出许多桑树品种。周代的《尔雅》中有女桑、山桑等记载。6世纪30年代后魏贾思勰《齐民要术》中记载的桑树品种有荆桑、女桑、黄鲁桑、黑鲁桑，并对这些桑品种的生产性能有了较深刻的认识，其中有"今世有荆桑、地桑之名"和"凡蚕从小与鲁桑，及至大入簇，得饲荆、鲁二桑"等记述。南宋初，以荆桑为砧木，鲁桑条为接穗，在杭嘉湖地区形成的"湖桑"新类型桑种已有"青桑、白桑、拳桑、大小梅、红鸡爪、睦州青等八九种"。元代《王祯农书》（1313年）载"桑种甚多，世所名者，荆与鲁也；凡枝干条叶丰腴者，鲁之类也"。以后随着桑树栽培的发展，品种数量愈来愈多，17世纪40年代，明末《沈氏农书》写道："种桑以荷叶桑、黄头桑、木竹青为上，取其枝干坚实，不易朽，眼眼发头，有斤两；取五头桑、大叶密眼次之，细叶密眼为最下。又有一种火桑，较别种早五六日，可养早蚕"。明代晚期的湖桑新类型已增加到十八九种。计有：密眼青、白皮桑、荷叶桑、鸡脚桑、扯皮桑、尖叶桑、晚青桑、火桑、红顶桑、槐头青、鸡窠桑、木竹青、乌桑、紫藤桑、望海桑等。

20世纪50年代全国征集到的桑树品种有400多份，它们不仅形态多样，特征各异，而且适应不同地区和栽培条件。我国桑树品种的选育工作始于20世纪30年代。新中国成立以来，由于党和国家对农业科学的重视，经过生产、科研、教育等有关部门科技人员的共同努力，开展了桑树种质资源的考察收集、地方品种调查与选拔、实生桑选种、杂交育种、多倍体育种、一代杂交种利用等工作，取得很大成绩。选出的荷叶白、桐乡青、湖桑197号、红沧桑、璜桑14号、转阁楼、南1号、保坎61号、北桑1号、7307、伦教40号、佛堂瓦桑、红星5号、澧桑24号、选792、易县黑鲁、阳桑1号、和田白桑、辽桑1号等地方品种，在生产上推广应用对提高产量和质量均起了很大作用。50年代初开始，各地通过杂交育种、诱变育种、多倍体育种等多种方法，先后选育出育2号、育151号、育237号、6031、试11、7920、云桑798、辽育8号、吉湖4号、辐1号、辐151号、薪一圆、实钴11-6、丰驰桑、育71-1、金10、农桑12号、农桑14号、嘉陵16号、陕桑305等优良品种。这些高产、优质、抗性强的品种在生产上的大面积推广应用，改变了过去品种繁杂或单一的现象，对提高桑叶产量和质量都起到了重要的作用，极大地促进了蚕桑生产的发展。近年来，果用桑品种等特殊用途品种的选育成为一个新的育种方向，并取得了很大进展。目前，通过全国蚕桑品种审定委员会审定（认定）的桑树新品种有30个（表2-1），通过各省（自治区、直辖市）农作物品种审定委员会审定、省级鉴定或协作区品种审定的品种达50个以上。我国优良桑品种普及率达80%以上，基本实现了桑树品种良种化。

表2-1　通过全国审定（认定）的桑树品种

品种名	选育单位	通过年份	适宜地区	备注
育151号	中国农业科学院蚕业研究所	1989	长江流域	审定
育237号	中国农业科学院蚕业研究所	1989	长江流域	审定
育2号	中国农业科学院蚕业研究所	1989	长江流域	审定
7307	中国农业科学院蚕业研究所	1989	长江流域	审定
璜桑14号	浙江省诸暨璜山农技站	1989	长江流域	审定
选792	山东省蚕业研究所	1989	黄河流域	审定
伦教40号	广东省农业科学院蚕业研究所	1989	珠江流域	审定
试11号	华南农业大学蚕桑系	1989	珠江流域	审定
塘10×伦109	广东省农业科学院蚕业研究所	1989	珠江流域	审定
吉湖4号	吉林省蚕业研究所	1989	东北地区	审定

（续表）

品种名	选育单位	通过年份	适宜地区	备注
选秋1号	黑龙江省蚕业研究所	1989	东北地区	审定
育71-1	中国农业科学院蚕业研究所	1995	长江流域、黄河中下游	审定
红星5号	安徽省农业科学院蚕业研究所	1995	长江流域、黄河中下游	审定
湘7920	湖南省蚕桑研究所	1995	长江流域	审定
薪一圆	浙江省农业科学院蚕桑研究所	1995	长江流域、黄河中下游	审定
北桑1号	四川省北碚蚕种场	1995	长江流域、黄河中下游	审定
实钴11-6	四川省三台蚕种场	1995	长江流域、黄河中下游	审定
新一之濑	引进品种	1995	长江黄河流域	审定
嘉陵16号	西南农业大学蚕桑丝绸学院	1998	长江流域	审定
黄鲁选	河北省农林科学院蚕业研究所	1998	黄河流域	审定
7946	山东省农业科学院蚕业研究所	1998	黄河流域	审定
粤桑2号	广东省农业科学院蚕业研究所	1998	珠江流域	审定
川7637	四川省农业科学院蚕业研究所	1999	长江中上游	审定
农桑12号	浙江省农业科学院蚕桑研究所	2000	长江流域	审定
农桑14号	浙江省农业科学院蚕桑研究所	2000	长江流域	审定
陕桑305	陕西省蚕桑丝绸研究所	2001	黄河流域	审定
蚕专4号	苏州大学蚕桑学院	2001	长江流域	审定
沙二×伦109	广东省顺德市农业科学研究所	1990	珠江流域	认定
7707	安徽省农业科学院蚕业研究所	1994	安徽池州、宣州、安庆和山东临沂地区	认定
华明桑	安徽省农业科学院蚕业研究所	1994		认定

三、桑树的主要生态类型

我国土地辽阔，南北跨纬度50°，东西跨经度62°；地势复杂，山地、丘陵、盆地、高原、平原、河谷交错分布，土壤类型多样；农业海拔高度-154～4 400米，局部地区形成"立体农业"特点；气候多样，有寒带、温带和热带，有湿润区和干旱区。桑树长期生长在不同的生态环境中，每个地区的典型品种成为相应的生态型。再加上我国栽培养蚕历史悠久，桑树遍及全国各地，在不同生态环境下生长，经过长期自然选择和人工选育，形成了极其丰富的桑树种质资源。桑树主要生态类型有以下8种：

（一）珠江流域广东桑类型

本区域为热带、亚热带季风湿润气候。桑树发芽早，发芽期在1月上、中旬，发芽率高，一般达80%左右，成熟快，多属早生早熟桑。发条数多，枝条较细而长，一般达200厘米以上。枝态直，皮孔多，每平方厘米10～15个，节距4～5厘米。叶形小，叶长15～22厘米，叶幅13～19厘米，叶肉薄，叶色淡绿。花、椹多。再生机能旺，耐剪伐。抗寒性弱，耐湿性强，易受旱害。

（二）太湖流域湖桑类型

本区域以太湖流域为主，包括宁镇以南、杭州湾以北、天目山以东的广大平原，为湿润气候带，温湿度适宜，积温高，桑树生长期较长。发芽期在3月下旬至4月上旬，发芽率为60%～70%，成熟期5月中旬，多属中、晚生桑。发条数中等，枝条粗长，约170厘米左右（夏伐中干桑），侧枝少，节距4～5厘米，节间微曲，皮孔多，每平方厘米9～17个。叶形大，叶长17～25厘米，叶幅15～23厘米，全叶，心脏形居多，叶面缩皱，叶肉较厚，叶质柔软，硬化迟。花和椹较少。成片栽植，养成低、中干桑。

（三）四川盆地嘉定桑类型

本区域位于川西平原和川南地区，为暖温带和亚热带气候。发芽期多在3月上、中旬，发芽率75%左右，成熟期5月中旬，多属中生中熟桑。发条数较少，枝条粗长，一般达200厘米左右（夏伐中干桑），皮孔多，每平方厘米12个以上，节间直，节距约5厘米。叶形大，叶长18～24厘米，叶幅15～22厘米，全叶、心脏形、叶面平滑、硬化迟、叶质优。花穗较多，椹少。对真菌病抵抗力强，不耐寒。本类型以川南栽培最多，川西平原其次，多栽植于"四边"，养成中、高干桑。

（四）长江中游摘桑类型

本区域主要指安徽南部和湖北、湖南的部分地区，为暖温带季风湿润气候，春秋季较长，冬寒夏热，四季分明。本类型桑树发芽期比湖桑类型早1～3天，成熟期5月中旬，发芽率70%左右，多属中生中熟桑。发条数少，枝条粗壮，长度150～200厘米（夏伐中干桑），枝态直，侧枝少，节距3.5～4.5厘米，皮孔多，每平方厘米12～16个。叶形很大，叶长19～30厘米，叶幅17～28厘米，叶面有泡状缩皱，叶片着生下垂，硬化迟。花穗小，椹少。抗寒性较弱。树型高大，多养成乔木式，零星栽植。

（五）黄河下游鲁桑类型

本区域主要指山东省，亦包括河北省的部分地区，气候特点是：冬春季干燥温度低，夏秋季高温多雨，秋凉早，日照充足。桑树在这种生态环境中生长期较长，桑树发芽期在4月中旬，但开叶后，叶片开放、成熟均较快，发芽率75%左右，多属中生中熟或晚生中熟桑。发条数中等，枝条粗短，一般条长100～150厘米，节间较直，节距3.5～4厘米，皮孔较小，每平方厘米约11个。叶形中等，叶长16～23厘米，叶幅13～20厘米，叶片厚，叶色深绿，硬化较早。叶用品种花、椹小而较少，又有椹多的果用品种。抗寒耐旱性较强，易发生赤锈病。本类型桑树多养成中、高干或乔木形式。

（六）黄土高原格鲁桑类型

本区域位于内陆，包括山西、陕西省的东北部和甘肃省的东南部，属温带季风干燥气候。本类型与湖桑类型同地栽培，发芽期和成熟期早2～3天。发芽率65%～80%，多属中生中熟桑。发条多，枝条细直，条长150～180厘米（夏伐中干桑），节间直，节距约4厘米，皮孔少，每平方厘米约6～10个，叶形较小，叶长14～21厘米，叶幅11～17厘米，全叶多，裂叶少，卵圆或心脏形，叶色深绿，硬化较早。耐旱性较强，易感黑枯型细菌病。本类型桑树以梯田边栽培最多，养成中干或高干桑。

（七）新疆白桑类型

本区域位于我国西北，大陆性沙漠气候。本类型与湖桑类型同地栽培，其发芽期比湖桑类型迟2～4天，但开叶后，生长快，成熟期比湖桑类型快2～3天，多属晚生中熟桑。发芽率约70%左右，发条数多，枝条细长而直，条长150～200厘米（夏伐中干桑），木质硬，节间直，节距4厘米左右，皮孔少，每平方厘米约5～10个，叶形小，叶长13～18厘米，叶幅10～16厘米，叶色深绿，叶背气孔比其他类型少。叶质优良，养蚕成绩较好。花、椹较多，椹多白色、味甜。根系发达，侧根扩展面大，适应风力大、沙暴多和天气干燥的不良环境。多养成乔木式。

（八）东北辽桑类型

本区域在我国东北部，是寒温带的半湿润或半干燥气候。本类型与湖桑类型同地栽培，其发芽期和成熟期均早2～3天，多属中生中熟桑。发芽率高，一般达70%～80%，发条数多，枝条细长，达150～200厘米（春伐中干桑），富有弹性，不易受积雪压断，侧枝多，节间直，节距约4厘米，皮孔少，每平方厘米约5～12个。叶形小，叶长14～21厘米，叶幅10～19厘米，叶色深绿，硬化早。根系发达，入土层深，抗寒性强，易发生褐斑病。本类型多为分散栽植的乔木桑。

第三章 桑树种质资源

一、桑树种质资源概述

携带有不同种质（亲代传递给子代的遗传物质——基因）的各种栽培桑树及其近缘野生种即为桑树种质资源，包括野生资源、地方品种、选育品种、品系、特殊遗传材料及其他可用于育种、栽培或生物学研究的各种桑树类型及品种，其形式主要有植株、种子、枝条、花粉、细胞、DNA片段等。桑树种质资源是国家重要的战略性资源，是蚕桑产业可持续发展的基本保证。

我国是桑树的起源中心，生态条件多样，栽培历史悠久，在长期的自然选择和人工选择下，形成了异常丰富的桑树种质资源。20世纪50年代起，我国开始重视桑种质资源的考察收集、整理与利用工作，在江苏、浙江等省开展了地方品种资源调查、收集、初步整理、鉴定和良种评选。经比较鉴定，选拔出湖桑32号（荷叶白）、湖桑7号（团头荷叶白）、湖桑35号（桐乡青）等一批地方品种在生产上推广应用，为我国蚕桑业的恢复和快速发展起到了重要作用。1979年全国桑树品种资源和选育科研工作座谈会召开，这次会议是我国桑树种质资源科研工作的第一次会议，它标志着我国桑树种质资源工作发展到一个新的阶段。会议明确了今后桑种质资源的研究方向：广泛收集、妥善保存、全面评价、深入研究、积极创新、充分利用。会议还明确了中国农业科学院蚕业研究所受国家委托，统筹主管全国桑种质资源工作。座谈会后，中国农业科学院蚕业研究所为了加强桑种质资源研究的力量，将桑种质资源课题组从品种组中独立出来，全面开展桑树种质资源考察、收集、整理、保存、鉴定、评价、创新和利用工作。

（一）收集保存

收集重点区域是桑树种质资源的初生起源中心、次生起源中心、最大多样性的地区、尚未进行调查和考察的地区，特别是资源丧失威胁最大的地区。收集时要了解种质来源，种质原产地的自然条件和栽培特点，种质的适应性、抗逆性、经济特性。详细记载编号、种类、收集地点、品种来历、自然条件、海拔、经度、纬度、温度、雨量、无霜期、土壤、地势等相关信息。收集一般在适宜采集繁殖材料的时期，采集数量要足，防止混杂，不带病虫。保存分为原生境保存和非原生境保存两种方式，原生境保存包括自然保护区保存、农家保存以及原生点保存，非原生境保存主要为资源圃种植保存。20世纪70年代以来，有组织有计划广泛地开展了桑种质资源考察、收集工作，国家先后对西藏、神农架及三峡地区、海南岛、川陕黔桂等重点地区进行了包括桑树在内的作物种质资源考察收集，由中国农业科学院蚕业研究所或相关省、区蚕业研究所牵头，组织了贵州、云南、湖南、湖北、山西、河北、山东、黑龙江、广东、安徽、新疆等省（区、市）的桑树种质资源考察、收集工作。通过这些工作，基本摸清了我国桑树种质资源分布情况，建成了国家种质镇江桑树圃等一批桑树种质资源保存设施，保存种质总量和类型均为世界之最。

20世纪70年代末以来主要的考察行动见表3-1。

表3-1　20世纪70年代末以来主要的桑树资源考察行动

考察项目名称	年份	范围	收集数量（个）
广东省桑树品种资源考察收集	1979—1986	28县	351
四川桑树品种资源调查	1980—1984	80多县	551
黑龙江省桑树资源考察	1980—1990	33县、市	30
山西省桑树资源调查	1981	16县	135
西藏作物种质资源考察	1981—1984	65县	50
安徽省桑树地方品种资源调查	1981—1985	安徽江南、大别山区、淮北平原地区	40
湖北省桑树种质资源考察	1981—1988	29县、市、区	561
贵州省桑树品种资源调查	1982、1984	11县+11县	107+51
湖南省桑树品种资源考察	1982—1986	20县、市	95
河北省桑树资源考察	1983—1985	73县	262
海南岛桑树种质资源考察	1986—1990	19县	50
神农架及三峡地区桑树种质资源考察	1986—1990	鄂西19县、川东3县	188
广西桑树品种资源考察收集	1987	18县	241
陕南地区桑树种质资源考察	1991—1995	7县	289
川东北及川西南桑树种质资源考察	1992—1993	23县	150
桂西山区桑树种质资源考察	1992—1994	7县	162
云南桑树资源考察	1992—1994	23县	128
东北地区桑树资源考察	1998	东北三省15个地区、长白山自然保护区、内蒙古大青沟自然保护区	20
古桑资源考察	2009—2012	山西、黑龙江、山东、河南、云南、贵州、湖南、江西、西藏、新疆等10省85县	237

（二）鉴定评价

对种质的形态、产量、品质、抗性等性状进行鉴定，在此基础上对其利用价值进行评价，是桑种质资源研究的重要内容，也是实现种质充分利用的前提条件。随着分子生物学的发展，深入到分子水平对桑种质进行鉴定已成为一个新兴的领域。桑树种质资源鉴定包括约90项主要性状，主要有枝态、枝条粗细、枝条长短形态特征和生物学特性性状60余项，粗蛋白含量、可溶糖含量等品质性状20余项，桑黄化型萎缩病抗性、桑疫病抗性等抗性性状，以及染色体倍数等。鉴定性状会随着科技进步、产业发展而调整。鉴定评价可依据《农作物种质资源鉴定技术规程　桑树》（NY/T 1313—2007）、《农作物优异种质资源评价规范　桑树》（NY/T 2181—2012）、《桑树种质资源描述规范和数据标准》等相关标准进行。

（三）创新利用

通过综合鉴定，筛选出多倍体种质、单项性状优异种质、综合性状优异种质、抗性种质，提供利用。综合性状优异种质可直接生产利用，先后筛选和提供生产利用的桑种质有湖桑32号、湖桑35号、湖桑7号、苏湖16号、真肚子桑、远安11号、苏湖13号、选81号、选11号等，这些品种的利用为我国蚕桑业的恢复和快速发展起到了重要支撑作用。单项性状优异资源、抗性资源等可以作为育种材料进行间接利用，借助这些优良亲本种质先后培育出育2号、育151、育237、育71-1、丰驰桑、湘7920、川7637、南激7681、云桑798、吉湖4号、嘉陵16号等一大批桑树新品种，通过全国桑、蚕品种审定委员会审定（认定）及各省品种审定。优异桑种质的生产直接利用和育种间接利用，促进了我国桑树良种化，为我国蚕业实现可持续发展奠定了坚实的基础。

二、桑树的植物分类学位置

Hooker（1885）把桑属放在荨麻目下，Takhtajan（1980）根据桑属的相对进化程度，也把桑属分在荨麻目桑科下。荨麻目由4个科组成，包括榆科（Ulmaceae）、桑科（Moraceae）、大麻科（Cannabaceae）和荨麻科（Urticaceae）；Takhtajan在1980年又把荨麻目分成5个科，增加了锥头麻科（Cecropiaceae科）。荨麻目内部，榆科认为是最原始的，桑科和榆科有相当近的同源性。根据APG（The Angiosperm Phylogeny Group）的意见，桑科及原荨麻目下的榆科、荨麻科、大麻科等均调整为属于蔷薇目（Rosales）（APG，1998；2003；2009）。桑树在植物分类学上的位置是：

界　植物界（Regnum Vegelabile）

　门　种子植物门（Spermatophyta）

　　亚门　被子植物亚门（Angiospermae）

纲　双子叶植物纲（Dicotyledoneae）

　　目　蔷薇目（Rosales）

　　　　科　桑科（Moraceae）

　　　　　　属　桑属（*Morus* L.）

桑科以下，除桑属外，还有楮属（*Broussonetia* Vent.）、赤杨属（*Artocarpus* Forst.）、大麻属（*Cannabis* L.）、柘属（*Cudrania* Trec.）、桑草属（*Fatoua* Gaud.）、天仙果属（*Malaisia* Balanco.）、唐花草属（*Humulus* L.）、无花果属（*Ficus* L.）及美洲橡树属（*Castilloa* Cerv.）等。

三、桑属植物的基本形态特征

桑树是落叶性多年生木本植物，多为乔木，少数灌木。植物体中有白色乳汁。冬芽具3～6片芽鳞，呈覆瓦状包被排列。叶互生，裂或不裂，基生叶脉3～5出，侧脉羽状，叶缘有锯齿，叶柄基部侧生早落性托叶。穗状花序，单性花，偶尔有两性花，雌雄异株或同株，果实肉质肥厚，相集而成为聚花果或称桑椹。

四、桑属植物系统分类研究简史

林奈（Linneaus）在1753年其所著的*Species plantarum*第一版，记载了以下5个桑种，这是世界上桑属分类的开始。

白桑*Morus alba* Linn.

黑桑*Morus nigra* Linn.

红桑*Morus rubra* Linn.

鞑靼桑*Morus tatarica* Linn.

印度桑*Morus indica* Linn.

1842年意大利的毛利奇（G. Moretti）将桑属分为10个种。（1846—1851年）Ledebour根据柱头上毛的有无，将桑属分为白桑和黑桑两个桑种。1855年施林寄（N. C. Seringe）将桑属分为8个种19个变种。1873年法国布油劳（E. D. Bureau）根据花序形状和长度类型将桑属分为6个种19个变种12个亚种。1906年Brandis根据花序长度、聚花果形状和叶片特性对桑属进行分类。1916年德国舒奈德（C. K. Schneider）将桑属分为3个种7个变种。1916年美国的贝莱（H. K. Bailey）将桑属分为6个种6个变种。1917年日本的小泉源一（Koidzuml）利用前人桑属分类工作成就和日本蚕丝试验场收集的桑树材料，把桑属分为24个种1个变种，1931年又改为30个种10个变种。小泉源一对桑属的分类，比前人进了一步，虽然它还存在缺点，但还是令人满意的。他所建议的分类按雌花柱有无分两大类，其次就柱头上具毛和突起再分两类，共四类，再就叶片、花序、花椹、枝条的形态性状进行描述，还应用了叶、叶柄、花序、聚花果数量上的指标表示。1930年日本的掘田祯吉（Hotta）又按小泉源一的分类法把桑属分为35个种。他从日本、中国、朝鲜等国家的桑属植物中所作的分类共列有14个种。Airyshaw（1973）报道桑属至少有10个种。

Katsumata（1971）根据在叶片上发现的异细胞类型提出了桑属的分类。用异细胞形状和大小把桑种分为4类，这种分类和根据花柱特性的分类系统有相关性。 Shah （1979）根据叶片解剖特性，例如，表皮厚度、表皮细胞大小和形状、厚角组织类型、叶肉细胞中栅栏组织和海绵组织相对厚度等指标，将桑种分为白桑、广叶桑、山桑和黑桑。同年又根据木质结构将桑属分为2个组。1998年白胜等开展了桑属植物形态系统数值分类研究。Tikader（2001）根据26个桑树形态特征特性指标，用6种不同的聚类方法对13个桑种的遗传分化进行了研究，发现印度桑和黑桑、白桑和鲁桑、鸡桑和红桑、华桑和山桑聚为一类，说明它们亲缘关系较近。杨光伟（2003）根据桑树形态分类中16个重要性状开展了桑属植物的分支分析，发现川桑分化最早。

五、中国桑属分类检索表

桑树分类沿用形态特征进行分类，一般都以树型、枝条、冬芽、叶片、托叶、花椹等分类。目前按植物分类学家对桑属植物分类主要根据雌花花柱有无分为两类（即有明显花柱、无明显花柱），再就柱头上具毛或突起再分两类，共四类，再以枝、叶、花、椹形态性状描述。

根据1937年中国植物学家陈嵘在《中国树木分类学》中将中国桑属分为5个种7个变种。继陈嵘后中国植物学家胡先骕又将中国桑属分为8个种。据国内外植物分类学家对桑属分种的文献记载，近年来各省区开展桑树种质资源考察，收集到大量实物，经过整理和鉴定，我国有15个种4个变种，是目前世界上桑种分布最多的国家。中国的桑属分种分为两部分，其中栽培种有白桑、鲁桑、广东桑、瑞穗桑；野生桑有长穗桑、长果桑.、黑桑、华桑、细齿桑、蒙桑、山桑、川桑、唐鬼桑、滇桑、鸡桑等，变种有蒙桑的变种鬼桑、白桑的变种大叶桑、垂枝桑、白脉桑等，分布于全国不同地区。

中国桑属分种检索表如下：

1. 雌花无明显花柱

  2. 柱头内侧具凸起

    3. 叶面、叶背无毛，聚花果圆筒形，长4~16厘米

      4. 叶长椭圆形或椭圆形，边缘有浅锯齿或近全缘，雌花极短花柱，聚花果成熟紫红色……………………………………………**长穗桑**_Morus wittiorum_ Hand-Mazz.

4. 叶卵圆形或广卵圆形，边缘有细锯齿，雌花无花柱，聚花果成熟紫红色或黄白色……………………………………………………**长果桑** *Morus laevigata* Wall.

3. 叶背叶脉被生柔毛，聚花果椭圆形或圆筒形，长1.6～3厘米

5. 叶大，心脏形，常不分裂，叶面有缩皱，边缘圆形锯齿，雌花无花柱，聚花果成熟紫黑色……………………………**鲁桑** *Morus multicaulis* Perr.

5. 叶小，卵圆形，常分裂，叶平无缩皱，边缘钝、锐锯齿，雌花短花柱，聚花果成熟白色、贻红色或黑色……………**白桑** *Morus alba* Linn.

6. 枝条直，叶通常不分裂

7. 叶大，多为心脏形，叶基浅心形，边缘锯齿状，叶脉深绿色…………………………………………**大叶桑** *Morus alba* var. *macrophylla* Loud.

7. 叶小，菱状卵圆，叶基楔形，边缘有不整齐的锯齿，有白色粗叶脉……………………………**白脉桑** *Morus alba* var. *venose* Delile.

6. 枝条细长下垂，叶小，通常分裂……………………………………………………**垂枝桑** *Morus alba* var. *pendula* Dipp.

2. 柱头内侧具毛

8. 叶背被柔毛，叶柄粗短，聚花果成熟紫红色或黑色

9. 叶广心形，叶上面粗糙，雌花无花柱，聚花果椭圆形或球形，长2～3厘米，成熟呈黑色……………**黑桑** *Morus nigra* Linn.

9. 叶心脏形或近圆形，叶上面被毛，雌花极短花柱，聚花果圆筒形，长约3厘米，成熟紫红色或白色……………**华桑** *Morus cathayana* Hemsl.

8. 叶上面无毛，叶背面被毛或脉腋被簇毛，聚花果成熟紫黑色或紫色

10. 叶卵圆形，边缘钝锯齿，齿尖无短刺芒，叶基浅心形或截形，聚花果圆锥状，椭圆形，先端钝圆，成熟紫黑色………………………………………………………**广东桑** *Morus atropurpurea* Roxb.

10. 叶广卵形或近心形，背面被白色柔毛，边沿锯三角形，齿尖有短刺芒，叶基心形，聚花果短圆筒形，成熟紫色………………………………………………………**细齿桑** *Morus serrata* Roxb.

1. 雌花有明显花柱

11. 柱头内侧具突起

12. 叶缘齿尖具长刺芒

13. 叶卵圆形或卵状椭圆形，叶面光滑无毛，叶背光滑无毛，仅叶脉散生毛，叶常不分裂…………………**蒙桑** *Morus mongolica* Schneid.

13. 叶卵圆形或心脏形，叶面粗糙有刚毛，叶背生白色柔毛，叶脉密生毛，叶常分

裂……………………………………………鬼桑*Morus mongolica* var. *diabolica* Koidz.

　12.叶缘齿尖无长刺芒

　　14.叶上面粗糙

　　　15.叶心脏形或卵圆形，叶背面稍生微毛或较粗毛，叶缘钝锯齿而不整齐，聚花果球状椭圆形，长2~3厘米，成熟紫黑色……………………………………………………………………………………………山桑*Morus bombycis* Koidz.

　　　15.叶亚圆形，叶背无毛，边缘具窄三角形锯齿，聚花果圆筒形，长3~5厘米，成熟时黄白色……………………………川桑*Morus notabilis* Schne.id

　　14.叶上面光滑

　　　16.叶缘钝锯齿，聚花果球形或椭圆形

　　　　17.广心脏形，叶上面无缩皱，叶缘钝锯齿，齿尖具短突起，花柱同柱头等长，聚花果小球形……………………………………………………………………………………………唐鬼桑*Morus nigriformis* Koidz.

　　　　17.叶长心脏形，叶上面有微缩皱，叶缘齿尖无短突起，花柱比柱头短，聚花果椭圆形……………………………………………………………………………………………瑞穗桑*Morus mizuho* Hotta.

　　　16.叶心脏形，叶上面无缩皱，边缘三角形锯齿，齿尖具短尖头，聚花果长圆筒形，长4~6厘米……………………………………………………………………………………………滇桑*Morus yunnanensis* Koidz.

　11.柱头内侧具毛，叶卵圆形或斜卵圆形，常分裂，边缘有不整齐的钝锐锯齿，齿尖具短突起，聚花果短椭圆形，长1~2厘米，成熟紫黑色……………………………………………………………………………………………鸡桑*Morus australis* Poir.

六、各桑种的形态特征及其分布

（一）鲁桑（*Morus multicaulis* Perr.）

　　该桑种原产于我国（图3-1），现分布于全国各地，以浙江、江苏、山东等省区最多，生长于海拔100~1 200米，多作成片栽培或作乔木养成，散植于村旁附近田边、宅前屋后。

　　乔木或灌木，树冠开展，树皮光滑。枝条粗长，稍有弯曲，也有粗短而直立，皮色青灰或灰褐（也有黄与棕褐色），节间微曲；枝条有少数下垂，新梢长而少。芽三角形，卵圆形或近球形。叶大，心脏形为多，通常不裂，叶面有凹凸不平的泡状缩皱，叶厚，色较深，光泽强，叶背色较淡，沿叶脉有毛，脉腋有簇毛，叶尖锐头，钝头或双头，叶缘多为圆齿，叶基心形。花雌雄同株或异株，雄花序长圆柱形，由密生的小花组成，小花通常有柄；雌花无花柱，柱头二裂，内侧具乳头状突起。聚花果椭圆形，成熟紫黑色。

图 3-1　鲁桑（*Morus multicaulis* Perr.）（引自《江苏植物志》）

（二）广东桑（*Morus atropurpurea* Roxb.）

本桑种原产于我国广东省。分布于广东、广西、福建、湖南、湖北、海南、四川、云南等省区，以广东省的珠江三角洲栽培最多。生于海拔100～1 230米的平原、丘陵地，成片或散植于宅前屋后及庭院中。

乔木或灌木，发条数多，枝条长而直，皮青灰色，棕褐色居多。芽卵圆形尖头，副芽大而多。叶小，通常不裂，叶薄，色淡，叶面平滑或稍糙，少光泽，叶背叶脉稍有毛。叶尖长钝头或尾状，叶缘钝锯齿，叶基心形或截形。花雌雄同株或异株，雄花序为长圆筒形；雌花序花密生，无花柱，柱头内侧密生微毛。聚花果锥状椭圆形，尖端钝圆，成熟紫黑色。

（三）白桑（*Morus alba* Linn.）

本桑种原产于我国（图3-2）。分布于全国各省区，以西北、东北、西南栽培较多，生长于海拔100～2 470米的山地、丘陵、盆地平原。

乔木或灌木，乔木树干单一而直立，枝条细长而直，皮灰褐或青灰色。芽较小，三角形或广卵圆形。叶多为卵圆形或广卵圆形，全叶或全裂混生，叶面深绿色或绿色，无毛，有光泽，平滑或糙，无缩皱，叶背色较淡，脉上有疏毛，脉腋有簇毛，叶尖为钝头、锐头或尾状，叶缘为钝锐锯齿，叶基浅心形或截形；叶柄较长而细。花雌雄同株或异株，雄花序呈圆筒形下垂，花序柄细长，雌花序卵圆形或椭圆形，雌花短花柱或无花柱，柱头内侧具乳头状突起。聚花果椭圆形，成熟紫红色、白色、贻红色。

图 3-2 白桑（*Morus alba* Linn.）（引自《中国林木志》）

（四）瑞穗桑（*Morus mizuho* Hotta.）

本桑种原产于我国及日本。分布于浙江、江苏、安徽、湖北等省。于海拔100米以下的村庄附近宅前屋后零星栽植。

小乔木或高干养成。枝条粗长而直，皮棕褐色或灰褐色，皮孔较多。芽大三角形，深褐色。叶大，长心脏形，多系不裂，也有浅裂，叶深绿色，有微缩皱，叶厚，叶尖长锐头或尾状，叶缘有不等的锐锯齿，少数钝锯齿，叶基心形或浅心形。花雌雄异株多，同株少，雌花长花柱，花柱长1~2毫米，柱头二裂，柱头内侧密生乳头状突起。聚花果椭圆形或圆筒形，长约2厘米，成熟紫黑色。

（五）山桑（*Morus bombycis* Koidz.）

本桑种原产于我国山地及日本、朝鲜。分布于我国湖北、四川、河北、西藏等省区。生于海拔500~3 140米的山谷、向阳山坡与杂木混生。我国栽培很少。

乔木或灌木，发条数多，枝条直，皮层多皱纹而粗糙，皮黄褐色或紫褐色，皮孔多褐色。芽卵圆形尖头，褐色或黑褐色。叶卵圆形或心脏形，多为裂叶，也有裂或不裂混生，叶深绿色，叶面粗糙无毛，叶背稍生微毛或粗毛，叶尖短尾状或短尖，叶缘有不整齐的钝锯齿或锐锯齿，齿尖有短突起，叶基心形或截形。花雌雄同株或异株，雄花序长1.5厘米，花疏生呈紫黑色；雌花序椭圆形，雌花柱长1.5~2.5毫米，柱头长1.5~2.0毫米，柱头内侧密生微突。聚花果球状椭圆形，长2~3厘米，成熟紫黑色。

（六）长穗桑（*Morus wittiorum* Hand-Mazz.）

本桑种原产于我国（图3-3）。分布在湖北、湖南、贵州、广西、云南等省区，生长于海拔700～1 650米的山中、山谷、水边、疏林中。

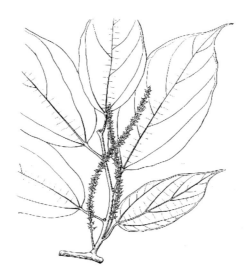

图 3-3　长穗桑（*Morus wittiorum* Hand-Mazz.）（引自《中国林木志》）

中、大乔木或灌木。树皮灰色或白色。当年生枝条黑褐色、亮褐色或青褐色，有黄褐色长椭圆形及纵向的浅型皮孔；多年生枝条色较淡，有黄褐色长椭圆形及纵向的线状皮孔。芽椭圆形尖头或三角形，褐色，叶长椭圆形或椭圆形，不分裂，叶面深绿色，光滑无毛，叶背带黄绿色无毛，叶尖渐尖头或尾状长1～2厘米；叶缘浅齿或近全缘，叶基圆形或近圆形，也有歪斜，基脉三出。花雌雄异株，雄花长8～11厘米，小花有柄，雌花花序长5～16厘米，雌花短花柱，花柱长约为子房长的1/5。柱头二裂，内侧具小突起。聚花果窄长圆形，成熟紫红色。

（七）华桑（*Morus cathayana* Hemsl.）

本桑种原产于我国（图3-4）。分布于湖北、湖南、四川、贵州、云南、山西、陕西、安徽、江苏、浙江、江西、河北、河南、广东、广西等省区的山区。生于海拔370～2 200米的山谷、山沟、岗地、高的向阳山坡与青杠、桦树、山核桃等杂木混生。

大、中乔木多、灌木少。树皮灰白或灰褐。幼枝枝叶被白毛，枝条直，皮青灰色或青白色，皮孔椭圆，大而少，黄白色。芽卵圆形尖头或椭圆形，色棕褐色。叶大，心脏形或广心脏形，裂或不裂，叶面粗糙，被稀刚毛，叶背被柔毛，叶尖钝头或尾状，叶缘有大而浅圆状齿或钝齿，叶基心形或截形；叶柄粗短有毛，无柄沟或有浅柄沟。花雌雄同株或异株，雄花序圆筒形，长3～5厘米，小花有柄，花被片卵状椭圆形，生黄白色毛；雌花序圆筒形，花轴生绢毛，花被片近圆形或卵圆形，生有毛；边缘有粗毛，雌花有极短花柱或无花柱，柱头内侧具毛，也有毛同突起混生。聚花果圆筒形，长2～3厘米，成熟紫红色、紫黑色或白色。

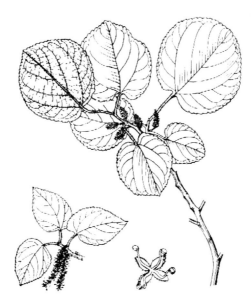

图 3-4 华桑（*Morus cathayana* Hensl.）（引自《中国林木志》）

（八）黑桑（*Morus nigra* Linn.）

本桑种原产于亚洲西部，南高加索、叙利亚、黎巴嫩。我国新疆南部及东部都有分布，自生于海拔1 500米。

乔木，树高约6米，树冠大而密。幼枝被密毛，一年生枝条无毛，枝条短粗，分多数小枝，皮淡红色或近褐色。芽大形，圆状椭圆形或近球形，褐色。冬芽发芽期迟鲁桑种约15天。叶广心脏形，通常不裂，稀有浅裂叶，在修剪之后常有裂叶出现。叶面深绿色，粗糙被刚毛、叶背色淡密生毛，沿叶脉多毛，叶尖甚短钝头或锐头，叶缘有不等大形锯齿，叶基深心形；叶柄粗短约1~1.5厘米，圆柱形，无柄沟，生密毛。花雌雄异株，雄花序圆筒形，长约2~4厘米；雌花序短椭圆形，花轴密生长绢毛，花序柄短，长约6~8毫米，雌花无花柱，柱头二裂，内侧密生小毛，外侧有绢毛。聚花果长2~3厘米，幅1.5~2.5厘米，成熟黑色。

（九）蒙桑（*Morus mongolica* Schneid.）

本桑种原产于我国及朝鲜北部（图3-5）。分布于我国东北、华北、华中、西南及广西。生于海拔700~2 900米的向阳山坡、悬崖陡壁、石灰岩缝隙中、河边、沟边，与杂木混生。

乔木或灌木。树皮灰白色，枝条细长，有韧性，枝直，一年生枝条红褐色或紫褐色，多年生枝条灰白色，皮孔大而少，黄褐色。芽卵圆形，褐色或黄褐色。叶卵圆形或卵状椭圆形，通常不裂，叶面深绿色，平滑无毛，叶背无毛，仅叶脉散生微毛或无毛，叶尖长尾状或长锐头，叶尖长约3厘米，叶缘三角形大锯齿，齿尖均有2~3毫米的芒刺，叶基心形或截形。花雌雄异株，雄花序圆筒形，长3~4厘米，幅7毫米，花疏生，花被片卵圆形，表面被淡黄色毛；雌花序短圆筒形，长2厘米，花被片近圆形无毛，花被边有淡黄色纤毛，雌花有花柱，长为子房的1/2或等长，柱头比花柱长，内侧密生突起。聚花果成熟紫红色或紫黑色。

图 3-5　蒙桑（*Morus mongolica* Schneid.）（引自《中国林木志》）

（十）长果桑（*Morus laevigata* Wall.）

本桑种原产于我国、印度、马来西亚。分布于我国贵州、云南、广东、广西、西藏等省区，生长于海拔700～1 800米的山坡、沟谷、路旁的杂木林中。

大、中乔木。树皮灰白色，当年生枝条青灰或灰黑色，多年生枝条青灰白色。芽椭圆形，甚大，棕褐色。叶卵圆形或广卵圆形，叶厚，多系不裂，少有2～3浅裂，叶面平滑无毛，荫生叶稍糙，叶背无毛，叶尖长，渐尖头或尾状，叶缘为小形锯齿，叶基浅心形，截形或圆形，基脉三出。花多为雌雄异株，雄花序细长，生绢毛，长5～12厘米，花序柄细长，花疏生，小花有花柄；花被片卵圆形，4片，生甚多黄白色的长毛；雌花序为窄长圆柱形，生绢毛，长4～12厘米，花序柄长1～1.9厘米，花被片圆形，4片，稀有短毛，花被边有毛，雌花无花柱，柱头内侧具乳头状突起。聚花果成熟紫红色或黄白色。

（十一）细齿桑（*Morus serrata* Roxb.）

本桑种原产于温带喜玛拉雅、印度、巴基斯坦及我国西藏南部。生于海拔2 600～3 340米的山谷、小山向阳坡、河道两旁以及村庄附近，伴生于杂木林中。

大、中乔木。树皮灰白色。幼枝被毛，老枝无毛，皮灰色或灰褐色。芽卵形，褐色。

叶广卵形或近心脏形，裂或不裂，叶面深绿色，粗糙，有毛或无毛，叶背淡绿色，被白色柔毛，叶脉被毛，基脉三出，叶尖渐尖头或尾状，叶缘三角形锯齿，齿尖有短芒刺，叶基心形；叶柄被白毛。花雌雄异株，雄花序圆筒形，长2～5厘米，花疏生，花序柄、花轴生密绢毛；花被片长椭圆形，密生毛；雌花序短圆筒形，花被片卵圆形，生纤毛或密毛，雌花无花柱，柱头内侧具毛。聚花果短圆筒形，长1.5～2厘米，初熟红色，成熟后紫黑色。

（十二）川桑（*Morus notabilis* Schneid.）

本桑种原产于我国。分布于我国四川、云南、贵州等山区。生于海拔1 400～2 100米的山谷、山沟及向阳山坡，与杂木混生。

乔木，树皮灰褐色。新梢和幼嫩枝生微毛，老枝无毛，一年生枝条多为黑褐色，多年生枝条灰黄色，枝条粗长而直，节间微曲，皮孔椭圆形，黄褐色或黄白色。芽卵圆形尖头，芽腹离枝着生，青黑色，生长季节枝下部紫褐色；枝上部一部分芽黄白色，芽鳞4～5片，排列疏而不规则。叶亚圆形，长8～21厘米，幅7.5～19厘米，叶面深绿色，粗糙无毛，主脉和侧脉隆起，叶背淡绿，平滑无毛，叶尖短钝头或锐头，叶缘较细锯齿，齿尖有短突起，叶基浅心形、圆形或截形。花雌雄异株，雄花序窄长圆筒形，长7.5厘米，花序柄长2.2厘米，花疏生，雄小花有柄，花被片椭圆形，黑褐色；雌花序圆筒形长3～5厘米，花密生，有纵沟，雌小花无柄，花被片卵圆形，无毛；雌花长花柱，花柱长为子房的2/3或等长，柱头二裂，比花柱长，内侧密生乳头状突起。聚花果圆筒形，果排列紧密，成熟时黄白色，附永存性花柱。

（十三）唐鬼桑（*Morus nigriformis* Koidz.）

本桑种原产于我国南部。分布于华南。生于海拔500米以下地区。

枝条灰色，皮孔白色点状。叶广心脏形，叶尖渐尖头，叶缘有整齐的钝锯齿，齿尖有短突起，叶基深心形，弯入深而狭，叶面平滑，叶背沿大的叶脉稍有毛，叶柄短有微毛或无毛。花序柄细，比花序长，有参差不齐的短毛；雌花长花柱，柱头与花柱等长或较长，内侧密生乳头状突起。聚花果球形，成熟时白色。

（十四）滇桑（*Morus yunnanensis* Koidz.）

本桑种原产于我国云南省。生于海拔1 300～2 300米。

大、中乔木，枝条栗褐色，无毛，皮孔椭圆形。芽椭圆形尖头，叶心脏形，叶尖渐尖头，叶缘三角形锯齿，齿尖具短芒刺，叶基深心形，具6～7对侧脉，侧脉直达叶边或齿端，叶柄长约5厘米，被有毛。花雌雄异株，雌花序长4厘米，宽6～10毫米，花序柄密生毛，花被片宽卵形或椭圆形，雌花有花柱，柱头内侧具突起。聚花果长圆筒形，单生于叶腋中，长约4～6厘米，成熟后红色。

（十五）鸡桑（*Morus australis* Poir.）

本桑种原产于我国和琉球群岛（图3-6）。分布于我国河北、河南、湖南、湖北、四川、贵州、云南、山东、江苏、浙江、广东、广西、福建、江西、台湾等省区。生于海拔250～2 040米的向阳山坡、悬崖壁、沟边、路边、田边，与藤、草、杂灌木混生。

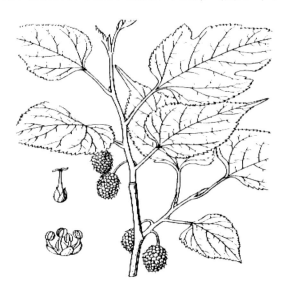

图3-6　鸡桑（*Morus australis* Poir.）（引自《中国高等植物》）

灌木或小乔木。树皮暗褐色。枝条细长而直，暗黑色、青褐色居多，皮孔大，黄白色或白色。芽卵圆形或三角形尖头，褐色。叶多为卵圆形，也有心脏形，通常2～7不规则分裂，也有不裂，叶面稍粗糙，叶背通常无毛，主脉被微毛，脉腋有簇毛，叶尖尾状或长锐头，叶尖长约2厘米，叶缘有不规则的锐、钝锯齿，齿尖有短突起，叶基心形或截形，也有圆形。花雌雄异株多，同株少，雄花序圆筒形，长2～3厘米，花疏生，小花有柄；雌花序椭圆形或扁椭圆形，雌花有花柱，花柱长为子房的1.5～2倍，柱头与花柱等长或更长，内侧具毛。聚花果短椭圆形，长1～2厘米，成熟暗紫色或黑色，附永存性花柱。

（十六）鬼桑（*Morus mongolica* var. *diabolica* Koidz.）

本桑种是蒙桑（*Morus mongolica* Schneid.）的变种。产于我国东北、华北、华中、西南、华南等省区的山地。生于海拔500～3 000米的向阳山坡、悬崖绝壁、石灰岩缝隙中、河边、沟边，与杂木混生。

乔木或灌木。老枝条灰白色，一年生枝条红褐色。芽卵圆形尖头。叶卵圆形或心脏形，常分裂，叶面被刚毛，甚粗糙，叶背密生毛，手摸有剪绒样之感，叶尖尾状或锐头，叶缘三角形锯齿，齿尖有芒刺，长约2厘米。花雌雄异株，雌花长花柱，柱头内侧具乳头状突起。

聚花果圆筒形或椭圆形，成熟紫红色或紫黑色。

（十七）大叶桑（*Morus alba* var. *macrophylla* Loud.）

本桑种是白桑（*Morus alba* Linn.）的变种。原产于我国四川，多栽培在海拔1 000米以下的村庄附近、田埂、路旁、宅前屋后。

小乔木，高干或灌木。枝条长而较细，枝直，皮棕褐色居多，节间较稀。叶大，叶面平滑有光泽，叶尖锐头，叶缘钝锯齿，叶基浅心形或截形。花雌雄同株或异株，雌花具短花柱或无花柱。聚花果始熟时为红色，成熟紫黑色。

（十八）白脉桑（*Morus alba* var. *venose* Delile.）

本桑种是白桑（*Morus alba* Linn.）的变种。原产于我国陕西省。

枝条细短而直，皮青褐色，节间短。芽卵形尖头，褐色。叶通常菱状卵形，叶尖锐头、钝头或渐尖头，边缘具不整齐锯齿，叶具带白色之粗叶脉，叶基楔形。

（十九）垂枝桑（*Morus alba* var. *pendula* Dipp.）

本桑种是白桑（*Morus alba* Linn.）的变种。

小乔木或高干养成。枝条细长而下垂，皮棕褐色。芽小三角形，褐色。叶小，通常分裂。

第四章 古桑资源分布与考察

一、古桑资源分布

中国是桑树的重要起源中心，桑树遍布全国各地，经长期的自然选择和人工选育，形成了多种多样的桑树种质资源，具有丰富的桑树遗传多样性。我国自20世纪50年代起开始重视桑树种质资源的收集、整理与利用工作。20世纪70—90年代初期，有组织有计划更广泛地开展了这项工作，先后对西藏自治区（简称西藏）、神农架、海南岛、川陕黔桂湘山区、三峡库区、赣南粤北、滇、冀、新疆维吾尔自治区（简称新疆）等重点地区进行了资源考察，基本摸清了全国桑树种质资源概况及不同桑种的水平分布与垂直分布。调查发现，我国的古桑资源分布较广，从富饶平原到戈壁荒漠，从农家庭院到城市园林，从南国边陲到北疆腹地，从农田果园到茂密丛林，从山间平地到悬崖峭壁，从溪谷河滩到村头路边，都有古桑资源分布。从分布的群落看，多呈点状的散生状态，在部分地区有群生的古桑，特别是在一些少数民族聚居地。

但由于受当时考察条件的限制，没有对桑树种质资源进行精确定位，不利于对这些资源进行长期监测；受考察时期限制，没有获得符合条件的足够繁殖材料，只有极少数的资源繁殖材料入国家圃保存。同时，上次考察至今已有30年，由于旅游和工农业生产的发展，很多原生境都受到不同程度的开发，甚至破坏，很有必要对主要分布地区进行再次考察。中国农业科学院蚕业研究所汇同相关地区科研、教学与管理部门，在国家科技基础性工作专项项目"蚕桑种质资源调查"（2007FY210400）资助下，于2009—2011年开展了10省（自治区）古桑资源的考察收集工作，之后又零星地考察了几个省。

二、古桑资源考察方法

考察过程中，详细记录地形、地势、坡向、植被、土壤等资源生境条件，观测枝条皮色、芽形状、叶形状、叶尖、叶基、叶缘等资源主要形态特征，用皮尺测量树干胸围（根颈以上离地面1.3米处的主干带皮围度），用激光测高仪测量树高，用手持GPS仪测量经度、纬度和海拔高度，所有数据记入桑树种质资源考察收集数据采集表，并采集穗条，带回中国农业科学院蚕业研究所进行繁殖试验和进一步的鉴定评价和深入研究。

在3年的考察期间，对贵州、河北、河南、黑龙江、湖北、山东、山西、西藏、新疆、云南等省（自治区）进行了古桑资源考察和收集工作，51人次参与了考察，行程22 000余千米，考察了上述10个省（自治区）85个县（市、区）的古桑资源分布与保存现状，收集各类桑树种质资源237份。通过这些桑树种质资源的收集入圃，进一步充实了国家种质镇江桑树圃的桑树种质数量与类型，丰富了遗传多样性，可为生产利用和育种提供更多的素材。

三、10省（自治区）古桑资源考察

（一）贵州古桑资源考察

贵州位于东经103°36′～109°35′、北纬24°37′～29°13′，地处云贵高原，境内地势西高东低，自中部向北、东、南三面倾斜，平均海拔在1 100米左右。贵州高原山地居多，素有"八山一水一分田"之说。全省地貌可概括分为高原山地、丘陵和盆地三种基本类型，其中92.5%的面积为山地和丘陵。境内山脉众多，重峦叠峰，绵延纵横，山高谷深。贵州气候温暖湿润，属亚热带温湿季风气候区，有冬无严寒、夏无酷暑，降水丰富、雨热同季等特点。全省大部分地区年平均气温在15℃左右；从全省看，通常最冷月（1月）平均气温多在3～6℃，比同纬度其他地区高，最热月（7月）平均气温一般是22～25℃，为典型夏凉地区。贵州植被具有明显的亚热带性质，组成种类繁多，区系成分复杂。由于特定的地理位置和复杂的地形地貌，使贵州的气候和生态条件复杂多样，形成了种类各异的桑树种质资源，特别是野生资源极其丰富。

考察了大方、黄平、施秉、遵义等县、市的蚕桑种质资源分布状况，在毕节市大方县考察到"贵州桑树王"，这棵千年古桑树高约30米，胸围8米，平均冠幅23米。树干高耸，树冠遮天蔽日；根盘高隆，抱紧突出的岩石，沿着石缝蜿蜒20余米，傲然挺立。由于受2008年雪凝灾害侵害，桑树部分枝丫被折断，严重影响了古桑的健康状况，加上桑树遭受严重虫害，树身千疮百孔，昔日枝繁叶茂的千年古桑树长势堪忧。大方县委、县政府已邀请贵州省地林业专家组成专家组对该古树的"病情"进行会诊，并制订了科学的救治方案，拨出10万元救治专款，对该树采取了保护性措施（图4-1）。

（二）河北古桑资源考察

河北省地势西北高，东南低。年平均气温10℃左右，无霜期约200天，年降水量一般

400～500毫米，以7月、8月降水量最多。风沙多，蒸发量大，比降水量多4～5倍。年平均相

原生长状态　　　　　现生长状态

图4-1　"贵州桑树王"的原生长状态与现生长状态

对湿度60%～70%。因此，河北省的气候特点是：春季干旱多风，冬季寒冷干燥，夏季日照长。在这样的环境条件下，形成了抗旱耐寒的桑树类型。

本次考察了承德市、宽城县、迁安县、涞源县、曲阳县、井陉县、临城县、永年县、磁县、武安市、邢台县的桑树种质资源，基本覆盖了全省的主要桑树资源分布区，收集各类桑树种质资源材料28份（表4-1）。条墩桑是河北、山西等省区的一类特殊桑树种质资源，通常为粮桑间作、条叶兼用的灌木桑，经济效益和生态效益兼具，优良条墩桑资源产量高、品质优、抗逆性强。条墩桑为当地的一种传统栽植方式，一般在田间每隔一定距离种植一行，一方面可以防风固沙，另一方面其生长的枝条可以用于编织器物，其产品曾经出口国外。现在由于当地矿产等工业的发展，已很少有人从事条编，但条墩桑仍有一定面积，据估计，全县有28 000亩条墩桑。条墩桑的桑墩均有百年以上的历史，树龄长的可达500年以上（图4-2）。

表4-1　河北考察收集桑树种质资源清单

采集号	收集地	种质群落	主要农艺性状	胸围（米）	树高（米）	种质类型
2010020001	承德市双桥区避暑山庄	散生	裂叶，叶缘齿类有刺芒，色深	2	10	野生资源
2010020002	承德市双桥区避暑山庄	散生	全叶为主，偶裂，色深，叶面光滑	1.66	15	野生资源
2010020003	承德市双桥区避暑山庄	散生	裂叶，叶缘齿类有刺芒	1.45	6	野生资源
2010020004	承德市双桥区避暑山庄	散生	裂叶，叶缘齿类有刺芒	0.24	2	野生资源
2010020005	宽城县化皮乡	散生	全叶，叶大，色深，叶尖短尾状	1.46	5	地方品种
2010020006	宽城县化皮乡	散生	全叶，叶大，色深，叶尖短尾状，叶面光滑	1.65	5	地方品种
2010020007	迁安县野鸡坨村	群生	全叶为主，少量裂叶，叶形较小，上下表面较糙；丛状			地方品种
2010020008	涞源县走马驿乡	散生	全叶，长心脏形，基部偶裂；叶绿，光滑；副芽多	1.72	20	地方品种
2010020009	涞源县走马驿乡	散生	全叶，长心脏形，偶裂；叶深绿，光滑；枝条直；黑果	1.72	15	地方品种
2010020010	涞源县走马驿乡	散生	全裂混生，裂叶少，全叶卵圆形；叶色深绿；枝条直；黑果	2.08	10	地方品种
2010020011	曲阳县范家庄乡	散生	全裂混生，叶缘齿尖有刺芒，叶尖长尾状，红果，生于石缝	基部分5杈，最粗一枝胸围2.4米	8	野生资源
2010020012	曲阳县范家庄乡	散生	全叶，叶尖双头，叶缘齿尖有刺芒，基部裂叶，生于石缝	0.24	2	野生资源
2010020013	曲阳县范家庄乡	散生	裂叶，叶缘齿尖有刺芒，叶尖长尾状	0.7	6	野生资源
2010020014	曲阳县范家庄乡	散生	全叶，长心脏形，叶尖短尾状，乳头齿，叶色深绿，丛状		4	地方品种
2010020015	曲阳县范家庄乡	散生	全裂混生，基部裂叶多，叶缘齿尖刺芒很短，叶尖尾状	1.45	8	野生资源

（续表）

采集号	收集地	种质群落	主要农艺性状	胸围（米）	树高（米）	种质类型
2010020016	曲阳县路庄子乡	散生	全叶，卵圆形，雌，果紫黑色，主干高约2.5米，分成15枝	5.8	20	地方品种
2010020017	井陉县天长乡	散生	全叶，卵圆形，钝齿，短尾状，叶色深绿，雌雄同株	3	18	地方品种
2010020018	临城县赵庄乡	散生	全叶，叶尖短尾状或锐头，叶缘钝齿，叶色翠绿，叶面光滑	2.2	12	地方品种
2010020019	临城县赵庄乡	散生	全裂混生，光滑，深绿色，叶缘乳头齿，齿尖有刺芒，丛生	0.3	6	野生资源
2010020020	永年县永合会镇	散生	全叶，长心脏形，深绿，叶缘乳头齿，叶尖锐头，果黑	2.62	10	地方品种
2010020021	磁县西固义乡	散生	全叶，叶较大，长心脏形，钝齿，短尾状，节间密，果黑	1.7	11	地方品种
2010020022	磁县岳城镇	散生	全叶，长心脏形，叶形较大，叶尖短尾状，叶缘钝齿，深绿	3.02	15	地方品种
2010020023	武安市管陶乡	散生	全叶，卵圆形，钝齿，短尾状，基部偶裂，深绿，枝条长而直	2.7	20	地方品种
2010020024	邢台县白岸乡	散生	全叶，形大，深绿，齿尖有刺芒，叶尖长尾状，上下有毛	1.6	15	野生资源
2010020025	邢台县白岸乡	散生	裂叶，乳头齿，齿尖有刺芒，长尾状，叶面光滑，叶深绿	1.6	8	野生资源
2010020026	邢台县白岸乡	散生	全叶，卵圆形，钝齿，齿尖有刺芒，光滑，叶尖短尾状	0.47	6	野生资源
2010020027	邢台县白岸乡	散生	全叶，长心脏形，钝齿，叶尖短尾状，叶色深绿	1.8	6	地方品种
2010020028	邢台县白岸乡	散生	全叶，长心脏形，乳头齿，齿尖有短刺芒，叶尖短尾状	2.18	20	地方品种

条墩桑

生长良好的巨型白桑

生于崖边石缝的巨型蒙桑

图 4-2 河北部分古桑资源

（三）河南古桑资源考察

河南省位于黄河中下游，界于北纬31°23′～36°22′，东经110°21′～116°39′，东接安徽、山东，北界河北、山西，西接陕西，南临湖北。地势基本上是西高东低。河南属暖温带—亚热带、湿润—半湿润季风气候。一般特点是冬季寒冷雨雪少，春季干旱风沙多，夏季炎热雨丰沛，秋季晴和日照足。全省年平均气温一般为12～16℃，全年无霜期从北往南为180～240天。年平均降水量约为500～900毫米，南部及西部山地较多，大别山区可达1 100毫米以上。

河南省未进行过桑树资源考察，种质分布的类型及数量均不清楚。项目实施期间，首次对河南的桑树种质资源分布与保存现状进行了考察，在新野、唐河、郏县、平顶山市、鲁山县、洛阳市、辉县等考察点收集到各类桑树资源17份（表4-2），考察发现，河南省桑树种质资源分布较广，野生资源及地方品种均较丰富。特别是在辉县的关山地区，分布有较丰富的蒙桑资源。本次考察发现了我国分布最北，纬度最高的华桑资源（图4-3）。

表4-2 河南考察收集桑树种质资源清单

采集号	收集地	种质群落	主要农艺性状	胸围（米）	树高（米）	种质类型
2010190001	新野县沙堰镇	散生	全叶，卵圆形，乳头齿，锐头，叶形大，偶裂，雄，偶雌	2.6	20	地方品种
2010190002	新野县汉桑小学	散生	全叶，卵圆形，深绿，叶基截形；原树已枯，新发3枝	枯：3.0 新：1.0	12	地方品种
2010190003	唐河县苍台乡	散生	全叶，卵圆形，叶基截形，叶尖锐头，稍皱，偶裂	2.45	15	地方品种
2010190004	郏县茨芭乡	散生	全叶，卵圆形，叶形小，叶尖锐头，短尾状，偶裂	1.7	15	地方品种
2010190005	郏县黄道镇	散生	全叶，卵圆形，叶形大，叶尖锐头，钝齿，深绿	1.7	20	地方品种
2010190006	郏县安良镇	散生	全裂混生，叶尖锐头，叶缘钝齿，叶形较大，果多而大	2.33	12	地方品种
2010190007	平顶山市东高皇乡	散生	全叶，卵圆形，锐头，钝齿，果多，甜，紫黑	3.4	20	地方品种
2010190008	鲁山县下汤镇	散生	全叶，卵圆形，叶尖锐头，钝齿，叶色深绿，光滑	2.7	15	地方品种
2010190009	鲁山县尧山镇	散生	全叶，广卵圆形，乳头齿，短尾状，叶大，偶裂，果粗长	基部分2枝：2.6/2.0	15	野生资源
2010190010	洛阳白马寺	散生	全叶，叶形大，锐头，钝齿，叶基浅心形，果多，黑色	3.15	18	地方品种
2010190011	辉县上八里乡	散生	全叶，心脏形，锐齿，齿尖有短刺芒，顺尖锐头，叶色翠绿	2.35	10	地方品种
2010190012	辉县上八里乡	散生	裂叶，上下表面有毛，叶尖长尾状，钝齿，齿尖有长刺芒	0.1	1.5	野生资源
2010190013	辉县上八里乡	散生	全裂混生，全叶卵圆形，叶尖长尾状，乳头齿，齿尖有长刺芒	1.45	8	野生资源

（续表）

采集号	收集地	种质群落	主要农艺性状	胸围（米）	树高（米）	种质类型
2010190014	辉县上八里乡	散生	全叶，心脏形，短尾状，乳头齿，齿尖有短刺芒，偶裂	2.1	10	地方品种
2010190015	辉县上八里乡	散生	全裂混生，全叶卵圆形，顺尖长尾状，乳头齿，尖有长刺芒	0.9	6	野生资源
2010190016	辉县上八里乡	散生	裂叶，叶尖长尾状，钝齿，齿尖有刺芒，果多，紫黑	2.0	15	野生资源
2010190017	辉县上八里乡	散生	裂叶，叶尖长尾状，钝齿，齿尖有长刺芒，芽大，饱满	0.5	3	野生资源

生于丛林中的古蒙桑

分布纬度最高的华桑

图 4-3　河南部分古桑资源

（四）黑龙江古桑资源考察

黑龙江地处我国东北端，是我国最北部的省份，属寒温带干旱气候。幅原辽阔，南北跨10个纬度，其热量差异极为显著，形成了高寒干旱地区的野生抗寒耐旱桑树种质资源。

通过对黑龙江巴彦、通河、宾县、杜尔伯特县、齐齐哈尔市、哈尔滨市等县市的实地考察，基本明确黑龙江省的野生桑树主要分布在北纬50°以南地区疏松的沙质土壤中，多分布于平原或丘陵地区，且较集中连片，如嫩江、松花江、牡丹江流域等具有水源的沿江各地。在杜尔伯特蒙古族自治县石人沟水产养殖场、齐齐哈尔市明月岛等地发现多处树龄百年以上古桑分布点。共收集桑树种质资源19份，分别采集了图像数据及地理信息数据（表4-3、图4-4）。

表4-3　黑龙江考察收集桑树种质资源清单

采集号	收集地	种质群落	主要农艺性状	胸围（米）	种质类型
2009070001	巴彦县种畜场四分场	散生	全叶，雌	—	地方品种
2009070002	巴彦县种畜场四分场	散生	裂叶，雌	—	地方品种
2009070003	巴彦县种畜场四分场	散生	全裂混生，雄	—	地方品种
2009070004	通河县清河乡	群生	全叶，偶裂	—	地方品种
2009070005	通河县清河乡	群生	全裂混生	—	地方品种
2009070006	通河县清河乡	群生	三裂为主，偶全，雌，果大	—	地方品种
2009070007	宾县省所一道基地	散生	裂叶，雌	—	地方品种
2009070008	宾县省所一道基地	散生	深裂叶，叶尖长尾状	—	地方品种
2009070009	杜尔伯特县石人沟	群生	全裂混生，叶长	1.3	地方品种
2009070010	杜尔伯特县石人沟	群生	全裂混生，叶厚	0.9	地方品种
2009070011	杜尔伯特县石人沟	群生	全叶，偶裂，叶黄	1.3	地方品种
2009070012	杜尔伯特县石人沟	群生	全叶，偶裂	1.5	地方品种
2009070013	齐齐哈尔市明月岛	群生	全叶，偶裂	1.8	地方品种
2009070014	齐齐哈尔市明月岛	群生	全叶，基部裂叶	0.8	地方品种
2009070015	齐齐哈尔市明月岛	群生	叶薄	0.6	地方品种
2009070016	齐齐哈尔市明月岛	群生	全叶，叶长	0.6	地方品种
2009070017	齐齐哈尔市明月岛	群生	全叶，色深	0.4	地方品种
2009070018	哈尔滨哈工大	群生	全叶，叶大	—	地方品种
2009070019	哈尔滨哈医大	群生	全裂混生	—	地方品种

图 4-4　黑龙江省部分古桑资源

（五）湖北古桑资源考察

考察了湖北省远安县鸣凤、荷花、南漳县板桥以及神农架林区松柏、阳日、宋洛、九湖等乡镇，行程近2 000千米，开展资源调查，采集资源标本。通过考察发现，湖北省桑树资源十分丰富，有鲁桑、白桑、华桑、蒙桑、鸡桑、鬼桑等桑种及变种，特别是神农架林区桑树种质资源类型多、分布广，为我国桑种分布最多的生态区之一。本次考察中，收集桑树种质资源16份（表4-4），在神农架林区发现一株支干胸围分别达到1.64米、2.2米、2.53米，树高约50米的高大华桑，是本次考察发现的最大最古老的华桑植株（图4-5）。

表4-4　湖北考察收集种质资源清单

采集号	收集地	种质群落	主要农艺性状	胸围（米）	树高（米）	种质类型
2011170001	远安县地质公园	散生	枝条皮色青，冬芽球形、褐色，全叶，心脏形，叶尖短尾状，叶基深心形，叶缘乳头齿，叶色深绿，光泽强，光滑，无皱	1.47	15	地方品种
2011170002	远安县地质公园	散生	枝条皮色青，冬芽正三角形、褐色，全叶，长心脏形，叶尖短尾状，叶基深心形，叶缘乳头齿，叶色翠绿，光泽较弱，微糙，波皱	0.3/0.3	5	地方品种
2011170003	远安县鸣凤山景区	散生	枝条皮色黄，冬芽卵圆形、褐色，全叶，心脏形，叶尖短尾状，叶基深浅心形，叶缘乳头齿，叶色翠绿，光泽较强，光滑，无皱	1.0/1.04	12	地方品种
2011170004	远安县荷花镇	散生	枝条皮色黄，冬芽球形、褐色，全叶，长心脏形，叶尖短尾状，叶基深心形，叶缘乳头齿，叶色深绿，光泽较强，光滑，微皱	1.0	10	地方品种
2011170005	远安县荷花镇	散生	枝条皮色褐，冬芽球形、棕色，全叶，长心脏形，叶尖短尾状，叶基浅心形，叶缘锐齿，叶色深绿，光泽较强，光滑，无皱	0.79	6	地方品种
2011170006	南漳县板桥乡	散生	枝条皮色褐，冬芽正三角形、褐色，全叶，心脏形，叶尖短尾状，叶基心形，叶缘钝齿，叶色翠绿，光泽较强，光滑，微皱	1.17	10	地方品种
2011170007	南漳县板桥乡	散生	枝条皮色青，冬芽正三角形、褐色，全叶，心脏形，叶尖短尾状，叶基深心形，叶缘钝齿、乳头齿，叶色深绿，光泽较强，光滑，微皱	1.16	8	地方品种

（续表）

采集号	收集地	种质群落	主要农艺性状	胸围（米）	树高（米）	种质类型
2011170008	神农架松柏乡	散生	枝条皮色棕，冬芽长三角形、棕色，深裂叶，叶尖长尾状，叶基心形、截形，叶缘钝齿，齿尖有芒刺，叶色深绿，上下表面有毛，光泽较弱，粗糙，无皱	0.15	3	野生资源
2011170009	神农架松柏乡	散生	枝条皮色青，冬芽卵圆形、褐色，全叶，心脏形，叶尖短尾状，叶基心形，叶缘乳头齿，叶色深绿，上下表面有毛，光泽较弱，粗糙，无皱	1.64/2.2/2.53	50	野生资源
2011170010	神农架阳日镇	散生	枝条皮色褐，冬芽卵圆形、棕色，全叶，卵圆形，叶尖长尾状，叶基心形，叶缘钝齿、乳头齿，叶色深绿，光泽较强，光滑，无皱	0.44/0.37	10	野生资源
2011170011	神农架阳日镇	散生	枝条皮色青，冬芽长三角形、褐色，全裂混生，全叶心脏形，叶尖短尾状，叶基浅心形，叶缘钝齿，叶色翠绿，上下表面有毛，光泽较弱，粗糙，无皱	0.06/0.05/0.05	3	野生资源
2011170012	神农架宋洛乡	散生	枝条皮色褐，冬芽卵圆形、紫色，全叶，卵圆形，叶尖长尾状，叶基心形、截形，叶缘钝齿，齿尖有刺芒，叶色深绿，光泽较强，光滑，无皱	—	3	野生资源
2011170013	神农架宋洛乡	散生	枝条皮色青，冬芽卵圆形、褐色，全裂混生，全叶心脏形，叶尖长尾状，叶基心形，叶缘乳头齿，叶色墨绿，光泽较强，微糙，微皱	0.88	4	地方品种
2011170014	神农架九湖乡	散生	枝条皮色青，冬芽卵圆形、褐色，全裂混生，全叶卵圆形，叶尖长尾状，叶基浅心形、截形，叶缘乳头齿，齿尖有短芒刺，叶色翠绿，光泽较弱，粗糙，无皱	—	—	野生资源
2011170015	神农架九湖乡	散生	枝条皮色青，冬芽卵圆形、褐色，全叶多为心脏形，偶有裂叶，叶尖长尾状，叶基浅心形，叶缘乳头齿，叶色翠绿，光泽较弱，粗糙，无皱	0.39	8	野生资源
2011170016	神农架九湖乡	散生	全裂混生，裂叶鸡爪状	0.02	0.5	野生资源

图 4-5　高大古老的华桑植株

（六）山东古桑资源考察

山东位于我国东部沿海，地处北纬35°～38°，东经115°～123°，三面临海，西连大陆，自然环境较为复杂。境内有胶东丘陵，有鲁中南山区，有鲁西北平原和鲁中山麓平原，还有漫长的黄河堤岸。沿海地区属海洋性气候，越向内陆，大陆性气候越显著。因而桑树品种资源丰富，既有适应海洋性气候的品种，也有适应大陆性气候的品种；既有适应山区和丘陵瘠地的品种，又有适应冲积平原栽培的品种。

考察了夏津、临朐、邹城、枣庄、泰安等县市的桑树种质资源分布情况，收集到12份桑树资源（表4-5）。山东的桑树以地方品种为主，野生资源较少。在夏津县黄河故道森林公园拥有全国规模、树龄首屈一指的古桑树群。据考，该古桑群形成于明洪武年间，树龄百年以上的有7 000余株。从栽培方式上看，当时栽植的株行距通常为8米×10米，采用苗木为嫁接苗。同时，栽植桑树的几乎全部为沙岗地，立地条件差。当时人们已经认识到桑树适应性强，耐旱，耐土壤贫瘠，根系发达，树冠冠幅大，具有很好防风固沙能力。并且经济价值较高，丰歉年份均可充饥。据记载，20世纪20—30年代，夏津境内古桑有20 000亩之多，但是到了20世纪50—60年代，由于受以粮为纲的影响，遭到一定程度的破坏。到了20世纪80年代末至21世纪初，由于大宗果品的发展，古桑面积仅剩4 000亩左右。现在该地区已辟为森林公园，古桑资源得到了较好的保护，夏津黄河故道古桑树群已被列入全球重要农业文化遗产。在临朐县，有较多的乔木桑、高干桑分布，多散植在山腰、山沟两边、梯田边、住宅周围和菜园地上。一般株距1～2丈（1丈≈3.3米，下同），行距数丈乃至十余丈不等。由于行距宽阔，树大根深，因而桑树在农田中并不影响农作物的生长，亦不妨碍农事操作。现在仍保留有一定规模的高大乔木桑，每年采叶养蚕（图4-6）。

表4-5　山东考察收集桑树种质资源清单

采集号	收集地	种质群落	主要农艺性状	胸围（米）	树高（米）	种质类型
2010140001	夏津县黄河故道公园	群生	全叶，卵圆形，叶尖短尾状，叶缘钝齿，雌	1	4	地方品种
2010140002	夏津县黄河故道公园	群生	全叶，卵圆形，叶尖短尾状	1.2	10	地方品种
2010140003	夏津县黄河故道公园	群生		—	—	地方品种
2010140004	夏津县黄河故道公园	群生		—	—	地方品种
2010140005	夏津县黄河故道公园	群生				地方品种
2010140006	临朐县山北头村	散生	全叶，微皱，叶面光滑，光泽较强	1	6	地方品种
2010140007	临朐县山北头村	群生	全叶，微皱	1.19	8	地方品种
2010140008	临朐县山北头村	群生	全叶，微皱	1.7	8	地方品种
2010140009	邹城市峄山镇	散生	全叶，波皱	1.6	15	地方品种
2010140010	邹城市峄山镇	散生	全叶，偶裂，波皱	1.16	8	地方品种

（续表）

采集号	收集地	种质群落	主要农艺性状	胸围（米）	树高（米）	种质类型
2010140011	泰安市泰山风景区	散生	全叶，椭圆形，短尾状，钝齿，叶面光滑，光泽强	1.06	6	地方品种
2010140012	泰安市泰山风景区	散生	深裂叶，叶尖长尾状齿尖有芒刺，上下表面有毛	—	2	野生资源

生于乱石滩的桑树　　仍在采叶养蚕的高大乔木桑　　黄河故道古桑群

图4-6　山东部分古桑资源

（七）山西古桑资源考察

山西栽桑历史悠久，据兴县县志查考，在1 200多年前的唐朝就有关于桑树的记载。又据《田赋》篇的记载，在明朝朱洪武24年，兴县就有上税桑树7 656株，缫丝765两，织绸38匹。从《武乡县志》查阅（乾隆55年编），有关桑、蚕、丝的记载达14处之多。其中树类物产有12种，桑树排列第三；虫类物产有21种，蚕排列第一；货类物产有11种，丝排列第一；药类物产有51种，桑椹排列第34位。足见当时蚕桑生产的兴盛，桑树分布之广。

山西省位于北纬34°40′~40°46′，东经110°15′~114°27′，地处太行以西、黄河以东，南北狭长，四面环山，太行山、吕梁山纵贯东西，中条山、恒山蜿蜒南北，中部为丘陵及晋中平原，昼夜温差大，属大陆性气候。年平均气温为10~14℃。大部分地区春、秋季较短，气候干燥，春季和晚秋常出现干旱，一般年份降水量400~650毫米，有75%的降水集中在夏秋季，无霜期为100~205天。夏秋季气温高，雨水多，日照长，很适宜桑树生长。在这样的自然条件下，经过千百年来的系统演化和发展，逐步形成了各种不同类型的桑树资源。其中格鲁桑类型是黄土高原桑种的典型代表，具有枝条细长、节间较密、发条数多、根系发达、适应能力强等特点。

本次考察了武乡县、平顺县、阳城县、沁水县、垣曲县、运城市等地的桑树种质资源分布及保存情况。收集到各类桑树资源8份，其中闻喜县石门乡2010040006号古桑被称为"山西第一桑""华北第一桑""北方第一桑""山西古桑王"，该树身居群山环抱中，枝繁叶茂，但主干部已形成一个腐烂大空洞（表4-6、图4-7）。

表4-6 山西考察收集桑树种质资源清单

采集号	收集地	种质群落	主要农艺性状	胸围（米）	树高（米）	种质类型
2010040001	运城市常平乡	散生	全叶，叶形大，心脏形，果期长	1.8	18	地方品种
2010040002	平顺县	散生	全裂混生，叶缘齿尖有芒刺，果较多，有花柱	0.17	5	野生资源
2010040003	阳城县寺头乡	散生	全叶，长心脏形，雌，果较少	3.64	6	地方品种
2010040004	沁水县土沃乡	散生	全叶，叶较小，卵圆形	1.46	12	地方品种
2010040005	沁水县土沃乡	散生	全叶，叶较小，卵圆形	1.56	8	地方品种
2010040006	闻喜县石门乡	散生	全裂混生，叶形多样，雌雄同株	5.4	16	地方品种
2010040007	运城市解州镇	散生	全叶，心脏形，乳头齿，叶尖短尾状，不结果	0.97	8	地方品种
2010040008	运城市解州镇	散生	全叶，长心脏形，叶尖短尾状，雌	1.62	18	地方品种

2010040006　2010040003

图4-7　山西部分桑树种质资源

（八）西藏古桑资源考察

西藏自治区位于青藏高原西南部，平均海拔在4 000米以上，素有"世界屋脊"之称，可分为四个地带：一是藏北高原，是西藏主要的牧业区；二是藏南谷地，海拔平均在3 500米左右，在雅鲁藏布江及其支流流经的地方，有许多宽窄不一的河谷平地，谷宽一般7~8千米，长70~100千米，地形平坦，土质肥沃，是西藏主要的农业区；三是藏东高山峡谷；四是喜马拉雅山地，是世界上最高的山脉。

林芝地区地处西藏自治区东南部，雅鲁藏布江中下游，位于北纬26°52′~30°40′，东经92°09′~98°47′。林芝地区年平均气温7~16℃，年降水总量400~2 200毫米，年平均降水量650毫米左右，年太阳总辐射5 460~7 530兆焦耳/平方米，年平均日照2 022小时，无霜期180天。林芝地区东南部属于热带、亚热带山地季风湿润地区，西部为高原温带季风半湿润地区，东北部为高原温带季风湿润地区。全地区气候日照偏少，长冬无夏，温度变化小；雨季开始早，结束晚，降水多；气候类型复杂多样，立体气候明显。林芝地区由于其特殊的地理环境和气候带，成为资源最丰富的地区之一，素有"生物基因库""动植物王国""东方瑞士""西藏江南"之称。具有热带、亚热带、寒温带和湿润、半湿润气候带的各种森林植被，是世界生物多样性最典型地区，高等植物达2 000多种。

以林芝为中心，沿雅鲁藏布江流域，考察了朗县、米林、林芝、波密等县的桑树资源分布现状，收集到各类桑树种质资源16份（表4-7）。发现西藏桑树资源分布广泛、数量众多、树龄古老。考察收集的16份资源中，有15份树干胸围都在3米以上。林芝县帮纳乡的"世界古桑王"树干胸围达13.2米，树齿1 600年以上，是目前国内已发现的最古老的桑树（图4-8）。在米林县派镇有一株形如巨龙的蒙桑，其树根异常粗大，从根部分干为三，其中两枝向上生长，树干胸围分别为4.9米、5.5米；另一侧干横向生长，干长达7.5米，似一条巨龙卧地，十分壮观，其树冠直径20米以上，树龄1 400年以上。在雅鲁藏布江中、下游及其支流尼洋河、帕隆藏布河沿岸都有树龄古老的桑树分布，有的零星分布，有的成片分布，有的成带分布。在雅鲁藏布江的桃花岛等江心岛上也分布着数量众多的古桑资源。由于西藏特殊的生态环境和气候条件，桑树普遍生长良好，病虫害很少，这可能也是西藏古桑众多的原因之一。

表4-7　西藏考察收集桑树种质资源清单

采集号	收集地	种质群落	主要农艺性状	胸围（米）	树高（米）	种质类型
2010230001	米林县派镇	散生	全叶，卵圆形，钝齿，齿尖有长刺芒，叶尖长尾，少数裂叶	基部分3枝：4.9/5.5	10	野生资源
2010230002	米林县丹娘乡	散生	全裂混生，全叶卵圆形，钝齿，齿尖有长刺芒，叶尖长尾	3.2	8.8	野生资源
2010230003	林芝县布久乡	散生	全裂混生，全叶为主，心脏形，锐齿，齿尖具长刺，叶尖长尾	7.5	6.8	野生资源
2010230004	林芝县布久乡	散生	全裂混生，全叶为主，长心脏形，尖长尾，钝齿，尖具长刺	4.0	7.7	野生资源
2010230005	林芝县布久乡	散生	全裂混生，全叶卵圆形，锐齿，尖有长刺芒，叶尖长尾	3.3	8	野生资源
2010230006	朗县洞嘎乡	散生	全裂混生，全叶心脏形，乳头齿，齿尖有刺芒，叶尖长尾	5.3	8	野生资源
2010230007	朗县洞嘎乡	散生	全裂混生，全叶卵圆形，叶尖长尾，钝齿，齿尖具刺芒	4.5	7.8	野生资源
2010230008	米林县卧龙镇	散生	全裂混生，全叶为主，卵圆形，锐齿，齿尖具刺芒，叶尖长尾	6.2	6	野生资源
2010230009	米林县卧龙镇	散生	全裂混生，深裂叶为主，全叶心脏形，乳头齿，尖有刺芒	7.8	6	野生资源
2010230010	米林县卧龙镇	散生	全裂混生，裂叶为主，锐齿，尖有长刺芒，叶尖长尾	8	8	野生资源
2010230011	米林县卧龙镇	散生	裂叶，钝齿，齿尖有刺芒，叶尖长尾，叶基肾形	4.4	7	野生资源

（续表）

采集号	收集地	种质群落	主要农艺性状	胸围（米）	树高（米）	种质类型
2010230012	米林县米林镇	散生	裂叶，叶形大，钝齿，齿尖具刺芒，叶尖长尾，叶基深心形	5.3	7.4	野生资源
2010230013	米林县米林镇	散生	全裂混生，全叶卵圆形，锐齿，齿尖具长刺芒，叶尖长尾	3.3	8.6	野生资源
2010230014	林芝县布久乡	散生	全裂混生，全叶长心脏形，钝齿，齿尖有刺芒，叶尖长尾	13.2	10	野生资源
2010230015	波密县卡达	散生	全裂混生，全叶为主，卵圆形，尖长尾，乳头齿，尖具刺芒	8.4	10	野生资源
2010230016	波密县卡达	散生	全裂混生，裂叶为主，叶形大，全叶心脏形，叶尖长尾状	2.0	6	野生资源

胸围 13.2 米，树龄 1 600 年的古桑

雅鲁藏布大峡谷的千年古桑

图 4-8　西藏部分古桑资源

（九）新疆古桑资源考察

新疆维吾尔自治区位于欧亚大陆腹地，地处东经73°31′～96°21′，北纬34°32′～49°31′。新疆气候干燥，日照时间长，昼夜温差大，无霜期短，降水量稀少，属于亚热带干燥性沙漠气候，本区奇特的生态环境，形成了独具特色的新疆桑树种质资源。新疆桑树品种资源分布面积广，大致可分为昆仑山北坡桑树自然区、天山南坡桑树自然区、天山东部山间盆地桑树自然区、天山西部伊犁河谷盆地桑树自然区和天山以北温凉气候地带桑树自然区等五大桑树自然区。

考察了昆仑山北坡桑树自然区的阿图什市、疏附县、皮山县、策勒县、于田县；天山南坡桑树自然区的轮台县、库车县、温宿县；天山东部山间盆地桑树自然区哈密盆地和吐鲁番盆地的吐鲁番市、鄯善县；天山西部伊犁河谷盆地桑树自然区的霍城县、伊宁市；天山以北温凉气候地带桑树自然区的白碱滩区、独山子区，发现了大批树龄在数百年以至千年以上的古桑资源，广泛分布在昆仑山、天山山麓、山间盆地以及河谷地带，是我国桑树资源，特别是古桑资源分布最广，数量最多的地区。收集各类桑树种质资源36份（表4-8）。

表4-8　新疆考察收集桑树种质资源清单

采集号	收集地	种质群落	主要农艺性状	胸围（米）	树高（米）	种质类型
2010270001	新疆吐鲁番市312国道边	群生	裂叶，叶小，叶色黄；雄	—	—	地方品种
2010270002	新疆吐鲁番市312国道边	群生	全裂混生，叶较大	—	—	地方品种
2010270003	新疆吐鲁番市312国道边	群生	裂叶	—	—	地方品种
2010270004	新疆吐鲁番市坎儿井景区外	散生	全裂混生；果大，黑色，无籽	3.6	—	地方品种
2010270005	新疆吐鲁番市葡萄沟乡	散生	全裂混生，裂叶多；雄	4.2	—	地方品种
2010270006	新疆吐鲁番市葡萄沟乡	散生	全叶，心脏形；果多而大，色白	1.33	—	地方品种
2010270007	新疆鄯善县连木沁乡	散生	果少，果色白	—	—	地方品种
2010270008	新疆鄯善县连木沁乡	散生	全叶，心脏形；果多而大，色白	5.9	20	地方品种
2010270009	新疆克拉玛依市白碱滩区	群生	全叶，长心脏形	0.2	3	地方品种
2010270010	新疆克拉玛依市白碱滩区	群生	全叶，心脏形；果多，红	0.2	3	地方品种
2010270011	新疆克拉玛依市独山子区	群生	全裂混生；果大，色白，味甜	0.42	5	地方品种
2010270012	新疆霍城县兰干乡	群生	全叶，较大，心脏形，偶裂；果多，较小，色白	1.2	10	地方品种
2010270013	新疆霍城县三宫乡	群生	全叶，较大，长心脏形，叶厚，色深	1.7	—	地方品种
2010270014	新疆霍城县三宫乡	群生	全裂混生，较小；果多，粉色	1.1	—	地方品种
2010270015	新疆伊宁市	散生	全叶，心脏形，偶裂；雄	2.5	20	地方品种
2010270016	新疆伊宁市	散生	全裂混生，基部裂叶；果色白	2.15		地方品种
2010270017	新疆轮台县野云沟乡	散生	全叶，心脏形，较小；果多，色白，甜，籽很少	2.5	20	地方品种
2010270018	新疆轮台县其的勒乡	散生	全叶，心脏形，大；果大，汁多，无籽，黑，果柄无或极短	4	—	野生资源

（续表）

采集号	收集地	种质群落	主要农艺性状	胸围（米）	树高（米）	种质类型
2010270019	新疆轮台县其的勒乡	群生	全叶，卵圆形，偶裂；果多，白色	1.7	12	地方品种
2010270020	新疆库车县牙哈乡	散生	全叶，心脏形，大，无光泽，色深；黑果，果柄无或极短	0.42	5	野生资源
2010270021	新疆温宿县依西来木齐乡	散生	全叶，卵圆形；雌雄同株，果少，黑色	3.2	20	地方品种
2010270022	新疆阿图什市	散生	全叶，卵圆形，偶裂；果大，黑色	2.45	15	地方品种
2010270023	新疆阿图什市松他克乡	散生	全叶，卵圆形；白果	1.55	10	地方品种
2010270024	新疆阿图什市松他克乡	散生	全叶，卵圆形；果较多，较大，白色	1.9	9	地方品种
2010270025	新疆阿图什市松他克乡	散生	全叶，卵圆形；白果	2.25	8	地方品种
2010270026	新疆阿图什市松他克乡	散生	全叶，心脏形，大，色深，无光泽；果大，汁多，无籽，黑，果柄无或极短	0.47	6	野生资源
2010270027	新疆喀什市疏附县夏马勒巴格乡	散生	全叶，卵圆形；白果	3.45	15	地方品种
2010270028	315国道2917公里处	群生	全叶，心脏形，新梢叶有裂叶；雌雄同株，果白色	0.85	6	地方品种
2010270029	新疆皮山县阔什塔克乡	群生	裂叶；果较少，黑色	1.52	—	地方品种
2010270030	新疆皮山县阔什塔克乡	群生	全叶，卵圆形；果白色，大，多，甜	1.94	10	地方品种
2010270031	新疆皮山县阔什塔克乡	群生	全裂混生，全叶较大，心脏形，色泽较深；果较多，黑色	1.66	6	地方品种
2010270032	新疆于田县加依乡	散生	全叶，心脏形，大，色深，无光泽；果大，汁多，无籽，黑，果柄无或极短	0.9	8	野生资源
2010270033	新疆于田县加依乡	散生	全叶，卵圆形，较大；果多，白色	3.53	20	地方品种
2010270034	新疆于田县加依乡	群生	叶大，色深，光泽弱；果大，汁多，无籽，黑，果柄无或极短	—	—	野生资源
2010270035	新疆策勒县策勒乡	散生	全叶，长心脏形，较大；雄	3.2	20	地方品种
2010270036	新疆于田县加依乡	散生	叶大，色深，光泽弱	—	—	野生资源

新疆的桑树资源大致可以分为以下几种类型：

（1）自然分布：新疆桑树资源分布广，数量多。村边、地头、路边、渠边，随处可见桑树，甚至在戈壁滩也有桑树生长，基本为白桑类型。在鄯善县连木沁乡发现胸围达5.9米的桑树，生长良好，是目前新疆发现的最大桑树（图4-9）。

（2）庭院栽桑：维族人有采食桑果的习惯，再加上维族人没有汉族人对桑（音sang）的避讳，自家院内大都种有桑树，其中树龄上百年的庭院桑数量不少。有白桑，也有药桑，是新疆桑树种质资源保存的一种重要形式（图4-10）。

图 4-9　新疆自然分布的新疆桑树资源

（3）防风林带：为20世纪50—60年代为防风固沙而成带栽植的，基本沿田间的主干道栽植。主要为白桑类型，仅在于田县见有成带栽植的药桑。在霍城县兰干乡，现存保留完好的长达2 200米的防风林带（图4-11）。

图 4-10　庭院栽培的新疆桑树资源

图 4-11　作为防风林带的新疆桑树资源

（十）云南古桑资源考察

云南地处低纬度高原，地理位置特殊，地形地貌复杂，所以气候也很复杂。主要受南孟加拉高压气流影响形成的高原季风气候，全省大部分地区冬暖夏凉，四季如春。全省气候类型丰富多样，有北热带、南亚热带、中亚热带、北亚热带、南温带、中温带和高原气候区共7个气候类型。云南气候兼具低纬气候、季风气候、山原气候的特点。

本次考察范围涉及云南省6个地（州）的18个县（市），历时17天，行程4 000多千米，共收集到新桑树种质44份。经初步鉴定有8个桑种和1个变种，其中长果桑（*M. laevigata* Wall.）19份、白桑（*M. alba* Linn.）4份、蒙桑（*M. mongolica* Schneid.）5份、鬼桑（*M. mongolica* var. *diabolica* Koidz.）4份、长穗桑（*M. wittiorum* Hand-Mazz.）3份、鸡桑（*M. australis* Poir.）3份、广东桑（*M. atropurpurea* Roxb.）2份、鲁桑（*M. multicaulis* Perr.）1份、滇桑（*Morus yunnanensis* Koidz.）1份、未定2份。

大围山自然保护区地处北回归线以南，历史上未受过第四纪冰川袭击，直接从古老的地史时期延续和演化过来，森林植被丰富复杂，保护区南北长30千米，东西宽6千米，总面积23万亩，保护区内最高海拔2 365米，次高峰大尖山海拔2 354米，最低海拔225米。大围山自

图4-12 明代糖桑树

然保护区属热带森林生态类型，保存着类型多样、特色各异的森林生态系统和丰富的珍稀动植物种群，有高等植物170科，约1 050种，其中树蕨、长蕊木兰、鸡毛松、福建相等25种已被列为珍稀保护树种，滇桑列为二级保护树种。

本次考察了巍山县庙街镇添泽村一株古长果桑，树高35米，主干高25米，冠幅10米，胸围2.35米，相传为范氏先祖于明代洪武年间栽植，我们查看了蒙化范氏家谱，确有明确记载并定名为明代糖桑树，树龄600余年，并有"先有明代桑，后有添泽村"之说（图4-12）。

第五章 古桑资源保护与利用

一、古桑资源生存与保护现状

我国对古桑资源的保护各地归口不一，有的地方归林业部门，有的地方归农业部门，没有明确的主管机构，古桑资源保护状况总体上还有很大的提升空间。只有少数资源已挂牌保护，其中建立保护设施的更少。古桑资源濒危的风险较大。

已建设施的资源得到了有效的保护。例如西藏林芝邦纳村的古桑，树龄已达1 600年，在20世纪80年代考察时，发现其上面分生七个大枝，其中六个大枝已被截断，留下的一个枝干距地高约7米，枝干上部已无较细分枝，生存状况欠佳。由于采取了砌坎覆土、修建围栏等保护设施，得到了很好的保护，现在已呈枝繁叶茂之态，长势很好（图5-1）。

二、古桑资源保护与利用意义

作为桑树的重要起源中心，我国幅员辽阔，生态条件多样，桑树种质资源极为丰富。特别是分布于我国各地的众多古桑资源，有栽培型、实生型，也有野生型，是桑树生物多样性的重要组成部分。古桑资源在自然界的不断演化中，生存了千百年，具有强大的生存适应能力，蕴含宝贵的基因资源。如位于西藏林芝邦纳乡的古桑，直径达4米，已有1 600多年树龄，是当之无愧的世界桑树之王；位于泉州开元寺的唐代桑树，距今也有1 300多年的历史。这些古桑树体巨大，树龄古老，是桑种质资源中的珍品，对研究桑树的起源、演化与传播具有重要参考价值。

另一方面，古桑资源是民族文化的重要传承载体，反映了千百年来人们与自然相处所形成的意蕴和形象。例如，山东省夏津县人民在几百年间防风治沙过程中，形成了规模浩大的古桑树群落，为人们挡风避沙，保持良好生态。同时，桑椹成熟于小满前后，此时小麦未熟，青黄不接，正是一年最困难的时节，桑椹便成了自然灾害时期当地百姓的"救命粮"。

当地百姓叫桑树为"椹树"，与"神树"谐音，他们把桑树信奉为带给他们生存希望的树，把桑树看作神灵。研究古桑树的分布与变迁，对于研究我国农业文明的演变、产业布局的调整、民族文化的发展，都具有重要的价值。所以，在这个意义上，保护古桑资源，就是保护桑蚕丝绸文化，就是保护中国农业文明，就是保护中国传统民族文化。

印度近年来在喜马拉雅地区开展了大规模的桑树种质资源考察收集工作，并在喜马拉雅山麓发现千年古桑，认为喜马拉雅地区是桑树的主要起源地。我们在调查中，也发现雅鲁藏布江流域分布有众多的古桑资源。开展对这些珍贵古桑资源的研究对于阐明我国乃至世界的桑树起源与进化，阐明桑树种质资源的分布规律，提出桑树种质资源的保护与利用策略都具有十分重要的理论与现实意义。

图 5-1　西藏林芝邦纳古桑 1982 年（上）、2010 年（下）生长情况对比

由于没有得到有效的保护，一些古桑资源受病虫为害、自然灾害等的影响，甚至遭到人为的破坏，已永远消失了。据1994年文献记载，山东临朐殷家河的一株明朝鲁桑树龄380多年，树高8.8米，胸围3.68米，枝下高2米，冠幅东西7.2米、南北10米，在高1.6米处已用钢筋箍住，整棵树有四大主枝，呈开心状伸展，虽经多次砍伐，春叶仍年产近1 000千克。但2010年考察时发现已被毁，仅余枯桩（图5-2）。

图 5-2　山东临朐古桑历史照片（左）与考察时被毁状（右）

位于贵州省大方县的树龄达千年的"贵州桑树王"，高约30米，胸围8米，曾经是树冠遮天蔽日，但由于受2008年冰雪灾害影响，桑树部分枝丫被折断，加上遭受严重虫害，树身千疮百孔，昔日枝繁叶茂的千年古桑树如今已奄奄一息（图5-3）。当地政府已拨出专款，对该树采取了保护性措施。

20世纪80年代初调查，山西沁水县土沃乡树龄百年以上的古桑分布甚多，有的村庄竟达10多株。通过对该乡南阳村现场考察发现，古桑资源已遭受严重破坏，仅见零星分布，没有任何保护措施，有的古桑仅存枯桩（图5-4）。

在云南双柏县，个体商贩大量收购桑白皮中药材，年收购量大约在150～200吨，对双柏县境内的野生桑树和栽培桑树造成极大的破坏和影响，野生古桑树被村民剥皮、挖毁、砍伐的现象较为严重。野生古桑资源，尽管分布在人迹罕至的深山，仍遭受严重的破坏，不但裸露在外的根皮被剥，甚至部分单株基部树皮也被剥光（图5-5），古树生长受到影响，该地区古桑资源的生存现状堪忧。

图 5-3　贵州大方古桑历史照片（左）与生存现状（右）

图 5-4　山西沁水古桑资源毁损现状

图 5-5　云南双柏县古桑资源基部树皮被损状况

其他各地还有不少古桑资源不同程度的存在长势弱，树势衰败的情况。比如山西省闻喜县胸围5.4米的古桑主干部已形成一个腐烂大空洞，两个分杈中的一枝于2008年断裂，断裂处上部已经死亡，该树另一枝也需要得到支撑，以防树体倾斜。山西省阳城县胸围3.64米的古桑主干部也已中空，急需保护（图5-6）。

图 5-6　山西闻喜县（左）、阳城县（右）急需保护的古桑资源

又如文献记载，河南方城县赵河镇有一株树龄1 900多年的古桑，但前几年已枯死。资料记载山东枣庄杨峪有较多的古桑分布，但考察时当地居民告知已于近年砍伐殆尽。

因此，有必要开展我国桑树种质资源特别是古桑资源的考察、收集、保存与研究利用，使象征我国悠久蚕业文明的古桑资源得到有效保护与合理利用。

三、古桑资源保护与利用策略

（一）古桑资源的全面普查

在已掌握古桑资源分布情况的基础上，通过与各地蚕桑主管部门、林业主管部门、蚕桑科教单位等联合，对全国古桑资源的分布区进行全面考察与调查，掌握古桑资源的分布与生存状况。对重要资源，建议由林业主管部门（或者绿化委员会）进行建档，并挂牌保护。

（二）古桑资源基因库与原生境保护点建立

在古桑资源考察时，剪取繁殖材料，通过嫁接等无性繁殖技术获得苗木，在国家种质镇江桑树圃建立古桑资源基因库，确保古桑基因不灭绝、不流失。与此同时，在古桑资源集中分布地建立原生境保护点，在当地环境条件下保护各个水平的生物多样性，能够保证其对生存环境所具有的适应性和进化进程得到有效保护，不仅保存了现有种质资源，而且保护了能够产生新的种质资源的环境条件，使现存的古桑资源能在其生境中继续生存与进化。

（三）古桑资源基本数据调查与主要特征特性的鉴定评价

考察过程中，系统调查古桑资源的生物学（物种种类、分布区域、濒危状况、伴生植物、生长发育习性、生物学特征特性等）以及分布的地理系统（GPS定位、地形、地貌、气温、地温、年降水量等）、生态系统（土壤、植被类型、植被覆盖率等）等基础数据。通过繁殖建立古桑基因库后，进一步综合鉴定和评价资源的生物学特征、特性、产量、品质、抗病虫性等性状，明确其利用价值。

（四）优异古桑资源的利用研究

通过鉴定评价，综合性状优异的资源，扩大繁殖后直接在生产上进行利用。具有某些优异（特异）性状的资源作为育种材料培育新品种，作为科研素材研究桑树的起源与分化、相关性状的遗传特性、重要性状的功能基因等。

（五）古桑资源分布与蚕桑文化调查研究

调查古桑资源分布区居民对资源的认知、利用和资源濒危程度等，揭示古桑资源与民族文化、社会、经济之间的关系，通过对分布于各地的古桑资源相关的蚕桑文化、蚕桑生产的调查，评估相关分布区古桑资源遗传多样性的利用价值，整理出我国古桑资源分布现状、保护现状，提出相应的保护和利用策略。

第六章　古桑资源辑录

　　本章主要辑录了2009—2019年在全国10余个主要桑树资源分布区域，特别是古桑资源分布较为集中的地区，考察收集到的古桑资源127份，其中福建1份、甘肃8份、广西1份、贵州1份、河北21份、河南15份、黑龙江5份、湖北9份、湖南1份、江西2份、山东7份、山西8份、西藏14份、新疆23份、云南11份。资源按省份的拼音顺序进行排列，同一个省份的按编号进行排列。简要介绍了资源采集点的主要地理信息及资源的主要形态特征，并附主要图像信息。

编号	2017130002				
种名	白桑 *Morus alba* Linn.				
种质类型	地方品种	采集地点	福建省泉州市开元寺内		
采集场所	庭院	采集地地形	平原	采集地地势	平坦
采集地小环境	庭院	采集地生态系统	森林	采集地植被	阔叶林
枝条皮色	褐	冬芽颜色	褐	冬芽形状	卵圆形
叶片类型	全叶	全叶形状	卵圆形	叶片颜色	翠绿
叶尖形状	短尾状	叶基形状	截形	叶缘形状	乳头齿
叶缘齿尖形态	无突起或芒刺	叶上表皮毛	无	叶下表皮毛	无
叶面光泽	较强	叶面糙滑	光滑	叶面缩皱	无皱

这棵古桑树位于泉州开元寺大雄宝殿西北侧，与这座寺庙的历史有着紧密的联系。据开元寺官方网站介绍，相传寺址原为唐代大财主黄守恭的大桑园，唐垂拱二年（公元689年）某日，他梦见一和尚乞地建寺，心中不舍，便有意作难说须三日内见桑树开出白莲花方可。谁知三天后满园苍绿桑树竟然盛开如雪白莲，遂被感化，毅然献地结缘。开元寺开山祖师匡护禅师主持建寺，取名"莲花道场"，后改名"莲花寺"，唐朝开元年间始改现名。如今，其大雄宝殿前檐重檐下横匾书"桑莲法界"四字。1925年的一次雷击，古桑被一劈为三，没等人去救，折断的枝干就自己落地生根又枝繁叶茂，于是寺僧将它保护起来，并立一石碑："此树生莲垂拱二年，支令勿坏以全其天"。如今，三根枝干都枝繁叶茂，其中一根已独立成树。

编号	2018250001				
种名	白桑 *Morus alba* Linn.				
种质类型	地方品种	采集地点	甘肃省康县碾坝镇崔家湾村		
采集场所	旷野	采集地地形	山地	采集地地势	起伏
采集地小环境	路旁、村边	采集地生态系统	森林	采集地植被	阔叶林
胸围	3.10米	高度	20米	冠幅	15米
枝条皮色	褐	冬芽颜色	褐	冬芽形状	卵圆形
叶片类型	全叶	全叶形状	卵圆形	叶片颜色	翠绿
叶尖形状	锐头	叶基形状	浅心形	叶缘形状	乳头齿
叶缘齿尖形态	无突起或芒刺	叶上表皮毛	无	叶下表皮毛	无
叶面光泽	强	叶面糙滑	光滑	叶面缩皱	无皱

编号	2018250003				
种名	白桑 *Morus alba* Linn.				
种质类型	地方品种	采集地点	甘肃省康县大堡镇宋坝村		
采集场所	庭院	采集地地形	山地	采集地地势	起伏
采集地小环境	庭院	采集地生态系统	森林	采集地植被	阔叶林
胸围	4.54米	高度	15米	冠幅	20米
枝条皮色	褐	冬芽颜色	褐	冬芽形状	卵圆形
叶片类型	全叶	全叶形状	卵圆形	叶片颜色	翠绿
叶尖形状	锐头	叶基形状	心形	叶缘形状	乳头齿
叶缘齿尖形态	无突起或芒刺	叶上表皮毛	无	叶下表皮毛	无
叶面光泽	较强	叶面糙滑	光滑	叶面缩皱	无皱

　　该株古桑被《康县古树》收录（谈龙，2016）。书中记载其为"西北桑王"，为一株千年古桑，传说南宋时，吴玠、吴璘抗金于秦陇边界，有侯姓善武者随之征战，功绩赫，封将军，旨妻宋氏为诰命。宋氏善杼织，即率百姓于修水河畔筑坝造田，植桑养蚕，抽丝织布，造福乡邻，其中一株成活至今，是康县栽桑养蚕悠久历史的重要物证，是甘肃段丝绸之路文化与经济不可或缺且浓墨重彩的一笔。

编号	2018250011				
种名	白桑 *Morus alba* Linn.				
种质类型	地方品种	采集地点	甘肃省康县大南峪镇李河村		
采集场所	田间	采集地地形	山地	采集地地势	起伏
采集地小环境	山腰、田间	采集地生态系统	农田	采集地植被	其他
胸围	1.40米	高度	10米	冠幅	6米
枝条皮色	棕	冬芽颜色	棕	冬芽形状	卵圆形
叶片类型	全叶	全叶形状	卵圆形	叶片颜色	翠绿
叶尖形状	锐头	叶基形状	截形	叶缘形状	钝齿
叶缘齿尖形态	无突起或芒刺	叶上表皮毛	无	叶下表皮毛	无
叶面光泽	较强	叶面糙滑	微糙	叶面缩皱	无皱

编号	2018250012				
种名	白桑 *Morus alba* Linn.				
种质类型	地方品种	采集地点	甘肃省康县迷坝镇姚家山村		
采集场所	旷野	采集地地形	山地	采集地地势	起伏
采集地小环境	山腰、村边	采集地生态系统	森林	采集地植被	阔叶林
胸围	1.75米	高度	15米	冠幅	12米
枝条皮色	褐	冬芽颜色	棕	冬芽形状	卵圆形
叶片类型	全叶	全叶形状	卵圆形	叶片颜色	翠绿
叶尖形状	锐头	叶基形状	圆形	叶缘形状	乳头齿
叶缘齿尖形态	无突起或芒刺	叶上表皮毛	无	叶下表皮毛	无
叶面光泽	较强	叶面糙滑	光滑	叶面缩皱	无皱

编号	2018250018				
种名	白桑 *Morus alba* Linn.				
种质类型	地方品种	采集地点	甘肃省兰州市农民巷		
采集场所	庭院	采集地地形	平原	采集地地势	平坦
采集地小环境	庭院	采集地生态系统		采集地植被	其他
胸围	3米	高度	20米	冠幅	30米
枝条皮色	褐	冬芽颜色	褐	冬芽形状	卵圆形
叶片类型	全叶	全叶形状	卵圆形	叶片颜色	翠绿
叶尖形状	锐头	叶基形状	浅心形	叶缘形状	乳头齿
叶缘齿尖形态	无突起或芒刺	叶上表皮毛	无	叶下表皮毛	无
叶面光泽	强	叶面糙滑	光滑	叶面缩皱	微皱

　　该植株位于兰州市一单位院内，枝繁叶茂，树体高大，冠幅开展，为院内撑起了一片广阔和绿荫。媒体曾于2014年报道过此树的生存状况，"坐落在院内一间明显超出临街铺面规划空间的后堂操作间大约有20平方米，一棵直径60多厘米的桑树被紧紧地挤在中间，树的上半截却从房顶上'长'了出来，树干已经紧紧地贴着墙壁，并没有任何围挡物"（http://lz.gansudaily.com.cn/system/2014/10/22/015223868.shtml）。2018年10月现场考察时，该植株的主干位于两屋相邻墙体之间，生长受到一定程度影响。

编号	2018250019				
种名	白桑 *Morus alba* Linn.				
种质类型	地方品种	采集地点	甘肃省敦煌市七里镇大庙村		
采集场所	旷野	采集地地形	平原	采集地地势	平坦
采集地小环境	田间、村边	采集地生态系统	农田	采集地植被	其他
胸围	8.88米	高度	20米	冠幅	24米
枝条皮色	棕	冬芽颜色	棕	冬芽形状	球形
叶片类型	全裂混生	全叶形状	卵圆形	叶片颜色	深绿
叶尖形状	短尾状	叶基形状	浅心形	叶缘形状	乳头齿
叶缘齿尖形态	无突起或芒刺	叶上表皮毛	无	叶下表皮毛	无
叶面光泽	较强	叶面糙滑	光滑	叶面缩皱	无皱

　　桑树基部为一主根，围度8.88米，距地面0.3米处西北方向着生一大主枝，向上2.8米处分生两侧枝；距地面0.5米处向西南着生一大主枝，向上1.9米处分生两侧枝；距地面1.1厘米处正南一大主枝，正东一大主枝。整个树形呈自然圆头形，生长旺盛，树势强健。

　　关于该树，有多种传说。据敦煌文明网报道，相传大约两千多年前的汉朝时期，古桑树所在地有一条古道被水所淹。那年春天，有一支军队拉运粮草的大轱辘车路经此地，车轮突然陷入泥水之中，粮草车辆被迫停在该地。第二天粮草车起行时，因当日支撑车辆的桑木棒陷入地下不能拔出，遂弃之而去。后来这支桑木棒发芽萌枝，枝繁叶茂，长成一棵顶天立地的桑树，被当地人称为"神桑"。七里镇大庙村年老的村民们对古桑树有着深深的情感。遭灾的年份，树上的桑椹曾救过饥饿的老人和儿童；后来，有年轻人想砍伐桑树，都被长者严厉劝阻。如今，千年苍桑饱经沧桑，依然年年发绿，岁岁结果。既是当地独特一景，又是丝路文明的记忆。现在已进行了围栏设置和基础设施建设，在挡墙上嵌有"中华第一古桑"几字，古桑得到一定程度的保护。（敦煌文明网，http://gsdh.wenming.cn/wmdh/201710/t20171026_2818711.shtml）

编号	2018250023				
种名	白桑 *Morus alba* Linn.				
种质类型	地方品种	采集地点	甘肃省敦煌市七里镇秦家湾村		
采集场所	田间	采集地地形	平原	采集地地势	平坦
采集地小环境	路旁、田边	采集地生态系统	农田	采集地植被	其他
胸围	2.3米	高度	20米	冠幅	15米
枝条皮色	褐	冬芽颜色	棕	冬芽形状	卵圆形
叶片类型	全裂混生	全叶形状	卵圆形	叶片颜色	翠绿
叶尖形状	锐头	叶基形状	浅心形	叶缘形状	乳头齿
叶缘齿尖形态	无突起或芒刺	叶上表皮毛	无	叶下表皮毛	无
叶面光泽	较强	叶面糙滑	光滑	叶面缩皱	无皱

编号	2019250001				
种名	白桑 *Morus alba* Linn.				
种质类型	地方品种	采集地点	甘肃省敦煌市七里镇秦家湾村		
采集场所	田间	采集地地形	平原	采集地地势	平坦
采集地小环境	路旁、田边、田埂	采集地生态系统	农田	采集地植被	其他
胸围	2.23米	高度	10米	冠幅	10米
枝条皮色	褐	冬芽颜色	褐	冬芽形状	卵圆形
叶片类型	全裂混生	全叶形状	卵圆形	叶片颜色	深绿
叶尖形状	锐头	叶基形状	浅心形	叶缘形状	钝齿
叶缘齿尖形态	无突起或芒刺	叶上表皮毛	无	叶下表皮毛	无
叶面光泽	强	叶面糙滑	光滑	叶面缩皱	无皱

编号	2016160001				
种名	长穗桑 *Morus wittiorum* Hand-Mazz.（暂定）				
种质类型	野生资源	采集地点	广西壮族自治区德保县燕峒乡那布村		
采集场所	旷野	采集地地形	山地	采集地地势	起伏
采集地小环境	山脚	采集地生态系统	森林	采集地植被	阔叶林
胸围	3.7米	高度	40米	冠幅	20米
枝条皮色	褐	冬芽颜色	褐	冬芽形状	卵圆形
叶片类型	全叶	全叶形状	椭圆形	叶片颜色	深绿
叶尖形状	长尾状	叶基形状	圆形	叶缘形状	钝齿
叶缘齿尖形态	无突起或芒刺	叶上表皮毛	无	叶下表皮毛	无
叶面光泽	较强	叶面糙滑	光滑	叶面缩皱	无皱

该植株位于广西德保县的吉星岩景区，距离县城12千米。岩洞穿越五座大山，洞内分为地下河、中层洞和摩天洞三层，钟乳石倒影在地下河的流水中，造型十分优美，让游客们沉浸在神秘的壮乡情怀中，流连忘返。这棵古桑树就在吉星岩洞口右侧，胸径约1.2米，高40多米，树干挺拔。因古树贴近溶洞，靠洞口部分光照少生长慢，外侧生长快，造成古树上部向洞口外倾斜，宛如少女正在弯腰迎宾。其附近还有许多树龄小得多的长穗桑，推测是其子孙，如此以古桑树为核心共同形成了一个长穗桑种群。

在美丽的吉星岩洞口，还有一颗高大的古树——七叶树，与古桑树相对而立，他们共同承载了一个美好的传说。相传古时候这一带发生了瘟疫，肆虐的病魔席卷了大片村庄，许多村民失去了生命。有一对年轻人，男的叫米侬，女的叫桑妹，他们目睹了村民的惨状，立志要战胜瘟疫为乡亲们除害。于是，两人相约上山去采药，他们翻过了99道坡，越过了99条河，采下了999种草药，经过七七四十九天的熬炼，草药终于被炼成了神丹妙药。他们把这种神药分发给乡亲们，使瘟疫得到了根治，村庄又恢复了往日的生机与活力。米侬和桑妹去世后，乡亲们为了纪念他们，将他们安葬在美丽的吉星岩洞口。后来吉星岩洞口长出两棵奇树，一棵桑树和一棵七叶树，就象米侬和桑妹手牵手相对而立，他们永生不死，始终护佑百姓免遭病魔祸害。

查阅《德保县志》，德保县历史上并无栽桑养蚕，桑树在这里属于野生树木。虽然无法考证"桑树和七叶树的传说"始于什么年代，但是至少说明在当地历史上它们在治疗疾病方面可能发挥了重要的作用，经过长期的流传，形成了上面这样的传说，据说这棵树已有500年树龄了。

编号	2011220001				
种名	长穗桑 *Morus wittiorum* Hand-Mazz.（暂定）				
种质类型	野生资源	采集地点	贵州省大方县黄泥乡大堰村		
采集场所	旷野	采集地地形	山地	采集地地势	起伏
采集地小环境	山腰，村边	采集地生态系统	森林	采集地植被	阔叶林
胸围	8米	高度	树高30米，主干高8米	冠幅	8米
枝条皮色	褐	冬芽颜色	褐	冬芽形状	卵圆形
叶片类型	全裂混生	叶片形状	卵圆形	叶片颜色	深绿
叶尖形状	短尾状	叶基形状	楔形	叶缘形状	锐齿
叶缘齿尖形态	无突起或芒刺	叶上表皮毛	无	叶下表皮毛	无
叶面光泽	较强	叶面糙滑	光滑	叶面缩皱	无皱

　　该树被誉为"贵州桑树王"，曾经树干高耸，树冠遮天蔽日；根盘高隆，抱紧突出的岩石，沿着石缝蜿蜒20余米，傲然挺立。据中国林业科学研究院专家估算，树龄在1 200年左右，是稀有的古树之一，堪称"贵州古桑王"，具有很高的观赏价值。由于受2008年雪凝灾害侵害，桑树部分枝丫被折断，严重影响了桑树健康状况，加之2010年上半年大方县遭遇百年大旱，桑树遭受严重虫害，虫口密度增大，枝干逐渐干枯，主干坏死部分渐增。大方县委、县政府已邀请省地林业专家组成专家组对该古树的"病情"进行会诊，并制订了科学的救治方案，拨出10万元救治专款，对该树采取了保护性措施。

　　由于特定的地理位置和复杂的地形地貌，使贵州的气候和生态条件复杂多样，形成了种类各异的桑树种质资源，特别是野生资源极其丰富。但随着经济社会的发展，古桑资源受到了严重的破坏。在20世纪80年代的考察中，发现了众多的古桑资源，如在德江就发现树龄数百年至千年的古桑3株，特别是发现了胸围粗4.53米、株高45米的最大的长果桑。但2010年再考察时，没有能再找到这棵古桑。

（引自：http://gsmm.eco.gov.cn/eco/zhgsmm/jdzdzc/smzc/szzw/2009/0416/390.html）

编号	2010020001				
种名	蒙桑 *Morus mongolica* Schneid.				
种质类型	野生资源	采集地点	河北省承德市避暑山庄云山胜地楼前		
采集场所	庭院	采集地地形	平原	采集地地势	平坦
采集地小环境	庭院	采集地生态系统	其他	采集地植被	其他
胸围	2米	高度	10米	冠幅	10米
枝条皮色	紫	冬芽颜色	褐	冬芽形状	卵圆形
叶片类型	全裂混生	全叶形状	卵圆形	叶片颜色	深绿
叶尖形状	长尾状	叶基形状	心形	叶缘形状	钝齿
叶缘齿尖形态	芒刺	叶上表皮毛	无	叶下表皮毛	无
叶面光泽	强	叶面糙滑	光滑	叶面缩皱	无

编号	2010020002				
种名	蒙桑 *Morus mongolica* Schneid.				
种质类型	野生资源	采集地点	河北省承德市避暑山庄云山胜地楼前		
采集场所	庭院	采集地地形	平原	采集地地势	平坦
采集地小环境	庭院	采集地生态系统	其他	采集地植被	其他
胸围	1.66米	高度	15米	冠幅	10米
枝条皮色	紫	冬芽颜色	褐	冬芽形状	卵圆形
叶片类型	全裂混生	全叶形状	卵圆形	叶片颜色	深绿
叶尖形状	长尾状	叶基形状	心形	叶缘形状	钝齿
叶缘齿尖形态	芒刺	叶上表皮毛	无	叶下表皮毛	无
叶面光泽	强	叶面糙滑	光滑	叶面缩皱	无

编号	2010020003				
种名	*蒙桑 Morus mongolica* Schneid.				
种质类型	野生资源	采集地点	河北省承德市避暑山庄烟雨楼前		
采集场所	庭院	采集地地形	平原	采集地地势	平坦
采集地小环境	庭院	采集地生态系统	其他	采集地植被	其他
胸围	1.45米	高度	6米	冠幅	8米
枝条皮色	紫	冬芽颜色	褐	冬芽形状	卵圆形
叶片类型	全裂混生	全叶形状	卵圆形	叶片颜色	深绿
叶尖形状	长尾状	叶基形状	心形	叶缘形状	钝齿
叶缘齿尖形态	芒刺	叶上表皮毛	无	叶下表皮毛	无
叶面光泽	强	叶面糙滑	光滑	叶面缩皱	无

编号	2010020005				
种名	鲁桑 *Morus multicaulis* Perr.				
种质类型	地方品种	采集地点	河北省宽城县北杖子村老孙家019号张仕民屋旁		
采集场所	庭院	采集地地形	丘陵	采集地地势	平坦
采集地小环境	庭院、路旁	采集地生态系统	其他	采集地植被	其他
胸围	1.46米	高度	5米	冠幅	6米
枝条皮色	灰	冬芽颜色	褐	冬芽形状	正三角形
叶片类型	全叶	全叶形状	心脏形	叶片颜色	深绿
叶尖形状	短尾状	叶基形状	心形	叶缘形状	钝齿
叶缘齿尖形态	无突起或芒刺	叶上表皮毛	无	叶下表皮毛	无
叶面光泽	强	叶面糙滑	光滑	叶面缩皱	微皱

　　该树为梓椤桑原始株，据传从关东引入，树龄已有200多年，栽植人后代已传至第9代。目前，其树干已有半幅干枯。但长势仍较好，叶形很大，达31厘米×29厘米。

编号	2010020006				
种名	鲁桑 *Morus multicaulis* Perr.				
种质类型	地方品种	采集地点	河北省宽城县北杖子村老孙家027号张仕平屋前路旁		
采集场所	庭院	采集地地形	平原	采集地地势	平坦
采集地小环境	庭院、路旁	采集地生态系统	其他	采集地植被	其他
胸围	1.65米	高度	5米	冠幅	4米
枝条皮色	灰	冬芽颜色	褐	冬芽形状	正三角形
叶片类型	全叶	全叶形状	心脏形	叶片颜色	深绿
叶尖形状	短尾状	叶基形状	心形	叶缘形状	钝齿
叶缘齿尖形态	无突起或芒刺	叶上表皮毛	无	叶下表皮毛	无
叶面光泽	强	叶面糙滑	光滑	叶面缩皱	微皱

编号	2010020008				
种名	白桑 *Morus alba* Linn.				
种质类型	地方品种	采集地点	河北省涞源县走马驿乡五间房村		
采集场所	旷野	采集地地形	山地	采集地地势	起伏
采集地小环境	山腰、田边	采集地生态系统	草地	采集地植被	其他
胸围	1.72米	高度	20米	冠幅	12米
枝条皮色	灰	冬芽颜色	褐	冬芽形状	球形
叶片类型	全叶，基部偶裂	全叶形状	长心脏形	叶片颜色	深绿
叶尖形状	短尾状	叶基形状	心形	叶缘形状	乳头齿
叶缘齿尖形态	无突起或芒刺	叶上表皮毛	无	叶下表皮毛	无
叶面光泽	强	叶面糙滑	光滑	叶面缩皱	无

编号	2010020009				
种名	白桑 *Morus alba* Linn.				
种质类型	地方品种	采集地点	河北省涞源县走马驿乡五间房村		
采集场所	旷野	采集地地形	山地	采集地地势	起伏
采集地小环境	山腰、田边	采集地生态系统	草地	采集地植被	其他
胸围	1.72米	高度	15米	冠幅	10米
枝条皮色	灰	冬芽颜色	褐	冬芽形状	卵圆形
叶片类型	全叶，偶裂	全叶形状	长心脏形	叶片颜色	深绿
叶尖形状	短尾状	叶基形状	心形	叶缘形状	乳头齿
叶缘齿尖形态	无突起或芒刺	叶上表皮毛	无	叶下表皮毛	无
叶面光泽	强	叶面糙滑	光滑	叶面缩皱	无

编号	2010020010				
种名	白桑 *Morus alba* Linn.				
种质类型	地方品种	采集地点	河北省涞源县走马驿乡五间房村		
采集场所	旷野	采集地地形	山地	采集地地势	起伏
采集地小环境	山腰、田边	采集地生态系统	草地	采集地植被	其他
胸围	2.08米	高度	10米	冠幅	8米
枝条皮色	灰	冬芽颜色	褐	冬芽形状	卵圆形
叶片类型	全裂混生，裂叶少	全叶形状	长心脏形	叶片颜色	深绿
叶尖形状	短尾状	叶基形状	心形	叶缘形状	乳头齿
叶缘齿尖形态	无突起或芒刺	叶上表皮毛	无	叶下表皮毛	无
叶面光泽	强	叶面糙滑	光滑	叶面缩皱	无

编号	2010020011				
种名	蒙桑 *Morus mongolica* Schneid.				
种质类型	野生资源	采集地点	河北省曲阳县范家庄乡杨家台村		
采集场所	旷野	采集地地形	山地	采集地地势	起伏
采集地小环境	山腰	采集地生态系统	草地	采集地植被	灌丛
胸围	基部分5枝，最粗的一枝胸围2.4米	高度	8米	冠幅	15米
枝条皮色	紫	冬芽颜色	褐	冬芽形状	卵圆形
叶片类型	全裂混生	全叶形状	卵圆形	叶片颜色	深绿
叶尖形状	长尾状	叶基形状	心形	叶缘形状	钝齿
叶缘齿尖形态	芒刺	叶上表皮毛	无	叶下表皮毛	无
叶面光泽	强	叶面糙滑	光滑	叶面缩皱	无

该植株为位于河北省曲阳县范家庄乡杨家台村后半山腰上，该山多石，山坡陡峭，几乎无路。该树着生于一悬崖边上的巨石缝里，生命顽强，长势很旺，是河北省内目前发现的树体最大的蒙桑植株，当地村民视其为神树，加以保护。

编号	2010020015				
种名	蒙桑 *Morus mongolica* Schneid.				
种质类型	野生资源	采集地点	河北省曲阳县范家庄乡杨家台村		
采集场所	旷野	采集地地形	山地	采集地地势	起伏
采集地小环境	山腰	采集地生态系统	森林	采集地植被	阔叶林
胸围	1.45米	高度	8米	冠幅	6米
枝条皮色	紫	冬芽颜色	褐	冬芽形状	卵圆形
叶片类型	全裂混生	全叶形状	卵圆形	叶片颜色	深绿
叶尖形状	长尾状	叶基形状	心形	叶缘形状	钝齿
叶缘齿尖形态	芒刺	叶上表皮毛	无	叶下表皮毛	无
叶面光泽	强	叶面糙滑	光滑	叶面缩皱	无

编号	2010020016				
种名	白桑 *Morus alba* Linn.				
种质类型	地方品种	采集地点	河北省曲阳县路庄子乡王家庄村		
采集场所	旷野	采集地地形	平原	采集地地势	平坦
采集地小环境	村边	采集地生态系统	其他	采集地植被	其他
胸围	5.8米	高度	主干高2.5米，树高15米	冠幅	28米
枝条皮色	灰	冬芽颜色	褐	冬芽形状	卵圆形
叶片类型	全叶	全叶形状	卵圆形	叶片颜色	深绿
叶尖形状	钝头	叶基形状	心形	叶缘形状	钝齿
叶缘齿尖形态	无突起或芒刺	叶上表皮毛	无	叶下表皮毛	无
叶面光泽	强	叶面糙滑	光滑	叶面缩皱	无

　　该植株靠近河北省曲阳县路庄子乡王家庄村村边，是河北省境内发现的树体最大、树形最好的白桑植株。树体健硕，树冠庞大，长势旺盛。

编号	2010020017				
种名	白桑 *Morus alba* Linn.				
种质类型	地方品种	采集地点	河北省井陉县天长镇乏驴岭村小学院内		
采集场所	庭院	采集地地形	丘陵	采集地地势	起伏
采集地小环境	庭院	采集地生态系统	其他	采集地植被	其他
胸围	3.0米	高度	20米	冠幅	15米
枝条皮色	灰	冬芽颜色	褐	冬芽形状	卵圆形
叶片类型	全叶	全叶形状	卵圆形	叶片颜色	深绿
叶尖形状	钝头	叶基形状	浅心形	叶缘形状	钝齿
叶缘齿尖形态	无突起或芒刺	叶上表皮毛	无	叶下表皮毛	无
叶面光泽	强	叶面糙滑	光滑	叶面缩皱	无

编号	2010020018				
种名	白桑 *Morus alba* Linn.				
种质类型	地方品种	采集地点	河北省临城县赵庄乡方脑村赵家沟		
采集场所	旷野	采集地地形	山地	采集地地势	起伏
采集地小环境	山腰、林缘	采集地生态系统	森林	采集地植被	阔叶林
胸围	2.2米	高度	12米	冠幅	8米
枝条皮色	灰	冬芽颜色	褐	冬芽形状	卵圆形
叶片类型	全叶	全叶形状	卵圆形	叶片颜色	翠绿
叶尖形状	锐头	叶基形状	心形	叶缘形状	钝齿
叶缘齿尖形态	无突起或芒刺	叶上表皮毛	无	叶下表皮毛	无
叶面光泽	强	叶面糙滑	光滑	叶面缩皱	无

编号	2010020020				
种名	白桑 *Morus alba* Linn.				
种质类型	地方品种	采集地点	河北省永年县永合会镇焦窑村		
采集场所	旷野	采集地地形	丘陵	采集地地势	起伏
采集地小环境	路旁	采集地生态系统	其他	采集地植被	其他
胸围	2.63米	高度	10米	冠幅	12米
枝条皮色	灰	冬芽颜色	褐	冬芽形状	卵圆形
叶片类型	全叶	全叶形状	长心脏形	叶片颜色	深绿
叶尖形状	锐头	叶基形状	心形	叶缘形状	乳头齿
叶缘齿尖形态	无突起或芒刺	叶上表皮毛	无	叶下表皮毛	无
叶面光泽	强	叶面糙滑	光滑	叶面缩皱	无

编号	2010020021				
种名	鲁桑 *Morus multicaulis* Perr.				
种质类型	地方品种	采集地点	河北省磁县西固义乡西驸马沟二村		
采集场所	旷野	采集地地形	平原	采集地地势	平坦
采集地小环境	村边、田边、路边	采集地生态系统	农田	采集地植被	其他
胸围	1.7米	高度	主干高1.5米，树高11米	冠幅	10米
枝条皮色	灰	冬芽颜色	褐	冬芽形状	卵圆形
叶片类型	全叶	全叶形状	长心脏形	叶片颜色	深绿
叶尖形状	短尾状	叶基形状	心形	叶缘形状	钝齿
叶缘齿尖形态	无突起或芒刺	叶上表皮毛	无	叶下表皮毛	无
叶面光泽	强	叶面糙滑	光滑	叶面缩皱	微皱

编号	2010020022				
种名	鲁桑 *Morus multicaulis* Perr.				
种质类型	地方品种	采集地点	河北省磁县岳城镇梧桐庄村		
采集场所	田间	采集地地形	平原	采集地地势	平坦
采集地小环境	田间	采集地生态系统	农田	采集地植被	其他
胸围	3.02米	高度	主干高1.6米，树高10米	冠幅	10米
枝条皮色	灰	冬芽颜色	褐	冬芽形状	卵圆形
叶片类型	全叶	全叶形状	长心脏形	叶片颜色	深绿
叶尖形状	短尾状	叶基形状	心形	叶缘形状	钝齿
叶缘齿尖形态	无突起或芒刺	叶上表皮毛	无	叶下表皮毛	无
叶面光泽	强	叶面糙滑	光滑	叶面缩皱	微皱

编号	2010020023				
种名	白桑 *Morus alba* Linn.				
种质类型	地方品种	采集地点	河北省武安市管陶乡柏草坪村		
采集场所	庭院	采集地地形	山地	采集地地势	起伏
采集地小环境	林缘、村边、山脚	采集地生态系统	其他	采集地植被	其他
胸围	2.7米	高度	20米	冠幅	15米
枝条皮色	灰	冬芽颜色	褐	冬芽形状	卵圆形
叶片类型	全叶，偶裂	全叶形状	卵圆形	叶片颜色	深绿
叶尖形状	锐头	叶基形状	心形	叶缘形状	钝齿
叶缘齿尖形态	无突起或芒刺	叶上表皮毛	无	叶下表皮毛	无
叶面光泽	强	叶面糙滑	光滑	叶面缩皱	无

编号	2010020024				
种名	鬼桑 *Morus mongolica* var. *diabolica* Koidz.				
种质类型	野生资源	采集地点	河北省邢台县白岸乡前坪村		
采集场所	旷野	采集地地形	山地	采集地地势	起伏
采集地小环境	林缘、山脚	采集地生态系统	其他	采集地植被	其他
胸围	1.6米	高度	15米	冠幅	9米
枝条皮色	棕	冬芽颜色	紫	冬芽形状	卵圆形
叶片类型	全叶	全叶形状	卵圆形	叶片颜色	深绿
叶尖形状	长尾状	叶基形状	心形	叶缘形状	钝齿
叶缘齿尖形态	芒刺	叶上表皮毛	有	叶下表皮毛	有
叶面光泽	弱	叶面糙滑	粗糙	叶面缩皱	无

编号	2010020025				
种名	蒙桑 *Morus mongolica* Schneid.				
种质类型	野生资源	采集地点	河北省邢台县白岸乡前坪村		
采集场所	旷野	采集地地形	山地	采集地地势	起伏
采集地小环境	林缘、田边、山脚	采集地生态系统	其他	采集地植被	其他
胸围	1.6米	高度	8米	冠幅	6米
枝条皮色	棕	冬芽颜色	紫	冬芽形状	卵圆形
叶片类型	裂叶	全叶形状		叶片颜色	深绿
叶尖形状	长尾状	叶基形状	心形	叶缘形状	乳头齿
叶缘齿尖形态	芒刺	叶上表皮毛	无	叶下表皮毛	无
叶面光泽	强	叶面糙滑	光滑	叶面缩皱	无

编号	2010020027				
种名	白桑 *Morus alba* Linn.				
种质类型	地方品种	采集地点	河北省武安市管陶乡柏草坪村		
采集场所	旷野	采集地地形	山地	采集地地势	起伏
采集地小环境	河滩	采集地生态系统	森林	采集地植被	阔叶林
胸围	1.8米	高度	15米	冠幅	15米
枝条皮色	灰	冬芽颜色	褐	冬芽形状	卵圆形
叶片类型	全叶	全叶形状	长心脏形	叶片颜色	深绿
叶尖形状	短尾状	叶基形状	心形	叶缘形状	钝齿
叶缘齿尖形态	无突起或芒刺	叶上表皮毛	无	叶下表皮毛	无
叶面光泽	强	叶面糙滑	光滑	叶面缩皱	无

编号	2010020028				
种名	白桑 *Morus alba* Linn.				
种质类型	地方品种	采集地点	河北省武安市管陶乡柏草坪村		
采集场所	旷野	采集地地形	山地	采集地地势	起伏
采集地小环境	河滩	采集地生态系统	森林	采集地植被	阔叶林
胸围	2.18米	高度	20米	冠幅	20米
枝条皮色	褐	冬芽颜色	褐	冬芽形状	卵圆形
叶片类型	全叶，偶裂	全叶形状	卵圆形	叶片颜色	深绿
叶尖形状	短尾状	叶基形状	心形	叶缘形状	乳头齿
叶缘齿尖形态	无突起或芒刺	叶上表皮毛	无	叶下表皮毛	无
叶面光泽	强	叶面糙滑	光滑	叶面缩皱	无

编号	2010190001				
种名	白桑 *Morus alba* Linn.				
种质类型	地方品种	采集地点	河南省新野县沙堰镇政府院内		
采集场所	庭院	采集地地形	平原	采集地地势	平坦
采集地小环境	庭院	采集地生态系统	其他	采集地植被	其他
胸围	2.6米	高度	20米	冠幅	20米
枝条皮色	黄	冬芽颜色	褐	冬芽形状	卵圆形
叶片类型	全叶，偶裂	全叶形状	卵圆形	叶片颜色	深绿
叶尖形状	锐头	叶基形状	心形	叶缘形状	乳头齿
叶缘齿尖形态	无突起或芒刺	叶上表皮毛	无	叶下表皮毛	无
叶面光泽	强	叶面糙滑	光滑	叶面缩皱	无

该树即为有名的"关宿桑"。据《新野县志》记载，"关宿桑"起源于"火烧新野"的一场战斗。公元206年冬季，刘备为了阻击曹将夏侯惇一万精兵来犯，他派关羽前往距县城17千米的鹊尾坡，建造拦河工程，准备水淹曹军。一天傍晚，天气十分寒冷，关将军夜巡到了村边，突然听到村里有哭泣的声音，将军寻声而去，推开一扇破门，借着微弱的月光走近一看，一位小姑娘蜷缩在草堆里，正在哭喊着，旁边还有一位昏迷不醒的老太太。将军问明事情原由，急派手下火速召来医官，为家贫如洗、身患疾病的老太太治病。当老太太苏醒后，将军又令人将老太太搀扶到军营，并让出自己的营室让老太太和小姑娘住下，自己则抱床棉被来到两米多高的桑树下，怀抱大刀，头靠着树干露宿。一连三夜，关羽夜宿于树下。当地老百姓知道这件事后，纷纷跑来感谢将军，并邀请他到百姓家住宿，但是都被关羽一一谢绝了。他说："官兵打仗已给老百姓添了不少麻烦，爱护百姓是我们应该做的事，修筑工事决不能再侵扰百姓，你们的心意我领了……"从此，关羽就在这棵树下寄宿，并颁布了爱民、助民、不得扰民的号令，留下了爱民、助民的佳话和为官清廉的风范。在官兵浴血奋战中，关羽打败了来犯之敌，又水淹曹军，演绎了一场著名的水淹曹军之战役。清乾隆五十七年，沙堰镇十三家商号捐资修建了围墙，在树的周围刻制了关公寄宿桑下轶事的石碑，镶嵌在围墙的东边，碑文共有719字，详细记载了关羽寄宿桑下爱民而不扰民的动人故事（http://www.xinye.gov.cn/zfzc/xygk/hssh.htm）。

编号	2010190002				
种名	白桑 *Morus alba* Linn.				
种质类型	地方品种	采集地点	河南省新野县县城汉城路原汉桑小学内		
采集场所	庭院	采集地地形	平原	采集地地势	平坦
采集地小环境	庭院	采集地生态系统	其他	采集地植被	其他
胸围	原干已枯，新发三枝	高度	12米	冠幅	10米
枝条皮色	灰	冬芽颜色	褐	冬芽形状	卵圆形
叶片类型	全叶	全叶形状	卵圆形	叶片颜色	深绿
叶尖形状	短尾状	叶基形状	截形	叶缘形状	钝齿
叶缘齿尖形态	无突起或芒刺	叶上表皮毛	无	叶下表皮毛	无
叶面光泽	强	叶面糙滑	光滑	叶面缩皱	无

该树即为有名的"关植桑"。据新野县志记载：公元206年刘备、诸葛亮、关羽、张飞屯兵新野，运筹帷幄以图大业。一天，关羽操演归来，将自己的坐骑赤兔马拴在门口一棵桑树上，随后进屋一门心思研读兵书去了。不料，因为这匹马饿了，把树叶、树枝、树皮啃了个净光，没几天，桑树干枯而死了。而这棵树正是房东张老汉一家养蚕维待生活的树。诸葛亮得知这一消息后，找到关羽，重申了爱民纪律，要关羽自觉种栽一棵树，以示对张老汉的赔偿。关云长开始想不通，认为一棵小树算个啥，赔点钱不就完了，觉得是诸葛亮给他难堪，心中不悦。但仔细思量，觉得诸葛亮的话十分有道理，宽仁爱民，抓军中纪律，就得将兵一视同仁，己不正，焉能正人？于是亲自从市上买来一棵桑树，高高兴兴地在原树穴上挖了个大坑，放进去赤兔马的粪，浇上水，铲上土。栽好树后，关羽并再三向张老汉赔礼。为了不让这棵桑树再遭损害，关云长又带领官兵，围着桑树建造了一座砖筑护桑城池，久负盛名的"汉桑城"便由此而来。在关羽的细心呵护下，汉桑树苗壮成长，枝叶繁茂（http://www.xinye.gov.cn/gccf/2007/g20070419.htm）。

2007年，河南省新野县发现了一本清光绪年间的《汉桑题咏》刻本，详细记载了光绪29年中秋节新野文人墨客，为呕歌千年的汉桑树而题诗赋词，举办文化盛会的情景。这本《汉桑题咏》刻本共28页，封面为"光绪丙午十一月朔，新野汉桑题咏，义阳陶心甄谨署"。扉页为：版存新野县三元堂刷印。正文26页，无标点，繁体字。先为新野县廪生刘文祥所写的序，后为歌颂汉桑诗23首。文中记载，光绪29年中秋节，新野营守罗冠卿召集社会名流和文人，在营署内的汉桑树下宴请宾客，罗提议每人赋诗一首，以记其况。事后由刘文祥负责整理并为诗文写序。后于光绪32年重阳节雕版印刷，使此盛会及诗文流传于后世。此刻本咏汉桑诗有七律、五律和歌行等。诗句清新自然，意境深远，内容丰富，韵律严谨，风格多样。有的朴素清雅，有的热情奔放，有的花物言志，有的富有哲理。诗文中把汉桑和召棠、丞相柏、泰山松、武候八百桑等名胜古树并列，并称汉桑树为"大树将军"。如程树桂诗奉和汉桑原韵：磨劫风霜剩此身，龙鳞虬干净氛尘。出墙远接亚楸色，带雨浓滋汉苑春。隐约旧痕传系马，干权古貌欲惊人。三分遗物十分盛，呵护今犹仰莐臣。如胡国均汉桑歌：题汉桑，考汉桑，陈寿三国志不祥。士人传述语偏长，谓属关圣帝君系马缰。荫密密，色苍苍，挺立干霄蔽日光；古干权更远扬，皲皮斑驳饱经霜。细柳名齐芳，将军大树彰。犹令二千年后历历忆汉皇（http://www.xinye.gov.cn/gccf/2007/g20070419.htm）！

"汉桑城"位于新野县城汉城路西段的原汉桑城小学院内，2007年新野县政府对汉桑城进行了翻修，城体由圆形变为方形，占地面积扩大了几倍。2008年新野县委、县政府为开发三国旅游文化旅游景点的需要，将汉桑城小学整体迁出。原"汉桑城"为砖砌结构，略呈圆形，高2.7米，内径3.45米，面积9.34平方米，没有城门，没有城楼，只有11个城堞。东侧壁嵌1933年刻制的石碑一通，上书"汉寿亭侯关壮穆手植此桑"，并记述了汉桑城的来历及重修经过。现在新修的"汉桑城"，参照我国汉代古城建筑风格，顺古桑枝干南向延伸趋势，修建成长方形。重修的"汉桑城"主要在三方面做了修复和改进。一是新建"汉桑城"以古桑主干底部为中心，四周适当外扩0.5～1.5米，保证桑树生长的基本空间。二是坐西面东，留一城门，有利于管理和游人进入。南北长6.59米，东西宽4.49米，城墙高为2.88米（含城堞），共有34个城堞，城堞青砖6层为0.4米。底宽上收，每堵墙呈梯形，整体稳固。三是城墙上恢复和增添了二碑六碣，即石碣题咏诗两块和《刘、关、张屯驻新野》《关羽植桑》《夜览春秋》及清光绪二十九年中秋节各界名流聚首桑下，倡举《汉桑题咏》石碣绘画图四幅及《重修汉桑城记》碑一通，和2007年8月20日《汉桑城重建记》碑一通。城内古桑中部周长5.18米，树干高7.65米，保存有两大支干，原树主干现已枯死，变为枯桩。根北侧生二代桑一棵，中部胸围周长0.94米，分生三大支干，此树为省级重点保护古树之一（安太成等，2011）。

漢桑歌

蠻漢桑孝漢桑不　陳壽三國志　群士長謁馬愿關語　偏君謂繫馬愿關蔭聖　帝密色蒼蔽日光挺　立幹枋杈更遠光　古幹霜皮班名齊飽　揚畎細柳封彰　芳將軍大封彰　猶令我二千車　後歷歷懷漢皇

清柳泉趙松詩文　于尚志書丹

題新野漢桑

百煉風霜姿如丈　六尺童童如　蠻淨罩塵三漢分　家桑剩此三老幹將　萬物古曾繫老馬　貫痕典句繫不　新人題柳營繼　驚真柳湖　美木堪擬喬世　臣深傳拟世

清陶廳达詩　于尚志書丹

编号	2010190003				
种名	白桑 *Morus alba* Linn.				
种质类型	地方品种	采集地点	河南省唐河县苍台乡陈排湾村		
采集场所	庭院	采集地地形	平原	采集地地势	起伏
采集地小环境	庭院、路旁	采集地生态系统	其他	采集地植被	其他
胸围	2.45米	高度	15米	冠幅	15米
枝条皮色	紫	冬芽颜色	褐	冬芽形状	卵圆形
叶片类型	全叶，偶裂	全叶形状	卵圆形	叶片颜色	深绿
叶尖形状	锐头	叶基形状	截形	叶缘形状	钝齿
叶缘齿尖形态	无突起或芒刺	叶上表皮毛	无	叶下表皮毛	无
叶面光泽	强	叶面糙滑	光滑	叶面缩皱	微皱

编号	2010190004				
种名	白桑 *Morus alba* Linn.				
种质类型	地方品种	采集地点	河南省郏县茨芭乡空山洞村		
采集场所	旷野	采集地地形	丘陵	采集地地势	起伏
采集地小环境	山腰、乱石滩	采集地生态系统	其他	采集地植被	其他
胸围	1.7米	高度	15米	冠幅	10米
枝条皮色	灰	冬芽颜色	褐	冬芽形状	卵圆形
叶片类型	全叶，偶裂	全叶形状	卵圆形	叶片颜色	翠绿
叶尖形状	锐头、短尾状	叶基形状	浅心形	叶缘形状	锐齿
叶缘齿尖形态	无突起或芒刺	叶上表皮毛	无	叶下表皮毛	无
叶面光泽	强	叶面糙滑	光滑	叶面缩皱	无皱

　　该植株着生于半山腰的一个石洞口。山洞迎面陡峭，无法进入。洞之大，可容三五十人。洞之深，有10多米。这古桑就长在洞口处堰台上方，根扎在洞内石缝之间，树身主干却伸向洞外，紧贴着岩壁往上长。空山洞村原称刘老庄，据传刘老庄最初住有几户刘姓人家，有个长得很标致的青年男子，一天上山打柴时，遇一女子，很是投缘，便私定终身。因不为家人认可，二人便离家出走。许多年过去了，家里人四处打听，却不得半点音讯。再后来，人们从村里远望，发现对面山洞里长出一棵桑树，正朝向村子发呆。刘家以为不吉，举家从刘老庄外迁了。明代洪武年间，有王姓人从山西洪洞县迁来定居，把朝向村子的山洞从下面垒起石堰，堰内堆入碎土。有了这番围护，洞内桑树长势才越发茂盛起来（http://www.pdsdaily.com.cn/misc/2006-06/20/content_215410.htm）。

编号	2010190005				
种名	白桑 *Morus alba* Linn.				
种质类型	地方品种	采集地点	河南省郏县黄道镇老庄村二组刘志力屋后		
采集场所	旷野	采集地地形	丘陵	采集地地势	起伏
采集地小环境	村边、路旁、田边	采集地生态系统	其他	采集地植被	灌丛
胸围	1.7米	高度	20米	冠幅	15米
枝条皮色	灰	冬芽颜色	褐	冬芽形状	卵圆形
叶片类型	全叶	全叶形状	卵圆形	叶片颜色	深绿
叶尖形状	锐头	叶基形状	圆形	叶缘形状	锐齿
叶缘齿尖形态	无突起或芒刺	叶上表皮毛	无	叶下表皮毛	无
叶面光泽	强	叶面糙滑	光滑	叶面缩皱	无皱

编号	2010190006				
种名	白桑 Morus alba Linn.				
种质类型	地方品种	采集地点	河南省郏县安良镇狮东村6组李文德屋后		
采集场所	旷野	采集地地形	平原	采集地地势	平坦
采集地小环境	村边、路旁	采集地生态系统	其他	采集地植被	其他
胸围	2.33米	高度	12米	冠幅	10米
枝条皮色	紫	冬芽颜色	褐	冬芽形状	卵圆形
叶片类型	全裂混生	全叶形状	卵圆形	叶片颜色	深绿
叶尖形状	锐头	叶基形状	浅心形	叶缘形状	钝齿
叶缘齿尖形态	无突起或芒刺	叶上表皮毛	无	叶下表皮毛	无
叶面光泽	强	叶面糙滑	光滑	叶面缩皱	微皱

编号	2010190007				
种名	白桑 *Morus alba* Linn.				
种质类型	地方品种	采集地点	河南省平顶山市卫东区东高皇乡叶庄4组周根发院内		
采集场所	庭院	采集地地形	平原	采集地地势	平坦
采集地小环境	庭院	采集地生态系统	其他	采集地植被	其他
胸围	3.4米	高度	20米	冠幅	15米
枝条皮色	褐	冬芽颜色	褐	冬芽形状	卵圆形
叶片类型	全叶	全叶形状	卵圆形	叶片颜色	翠绿
叶尖形状	锐头	叶基形状	浅心形	叶缘形状	钝齿
叶缘齿尖形态	无突起或芒刺	叶上表皮毛	无	叶下表皮毛	无
叶面光泽	强	叶面糙滑	光滑	叶面缩皱	无皱

当地人都叫这棵桑树为"桑树王"。据树主人周根发说，每年农历五六月间，满树的桑葚由青变红，再由红变紫，其大如杏，能把树枝压弯接地。树的主干劈裂后形成一个比较整齐的空洞，周根发的媳妇解释说，"听俺婆婆说，清末时候有一年家里遭遇变故，钱粮接济不上，没有办法，俺爷公公就从这树身上掏出板子，拉到襄城县集上卖得现钱，才渡过难关。为了感谢古树的救命之恩，俺爷公公就在这树下立下一通小碑，上写着：'供奉上仙老爷尊神之位'"。从那以后，100多年来，周家人对这棵古桑一直怀有感恩敬畏之意，倍加爱护（原载《平顶山日报》2006年5月11日二版，作者：王定翔）。

编号	2010190008				
种名	白桑 *Morus alba* Linn.				
种质类型	地方品种	采集地点	河南省鲁山县下汤镇龙潭村松朵寨组		
采集场所	旷野	采集地地形	山地	采集地地势	起伏
采集地小环境	山腰、村边、路旁	采集地生态系统	其他	采集地植被	其他
胸围	2.7米	高度	15米	冠幅	15米
枝条皮色	灰	冬芽颜色	褐	冬芽形状	卵圆形
叶片类型	全叶	全叶形状	卵圆形	叶片颜色	翠绿
叶尖形状	锐头	叶基形状	浅心形	叶缘形状	钝齿
叶缘齿尖形态	无突起或芒刺	叶上表皮毛	无	叶下表皮毛	无
叶面光泽	强	叶面糙滑	光滑	叶面缩皱	无皱

编号	2010190009				
种名	华桑 *Morus cathayana* Hemsl.				
种质类型	野生资源	采集地点	河南省鲁山县尧山镇铁匠炉村碾盘组		
采集场所	旷野	采集地地形	山地	采集地地势	起伏
采集地小环境	山腰、乱石滩	采集地生态系统	森林	采集地植被	阔叶林
胸围	3.4米（2.0米/2.6米）	高度	15米	冠幅	12米
枝条皮色	棕	冬芽颜色	褐	冬芽形状	卵圆形
叶片类型	全叶，偶裂	全叶形状	卵圆形	叶片颜色	深绿
叶尖形状	短尾状	叶基形状	圆形	叶缘形状	钝齿
叶缘齿尖形态	无突起或芒刺	叶上表皮毛	有	叶下表皮毛	有
叶面光泽	弱	叶面糙滑	粗糙	叶面缩皱	无皱

编号	2010190010				
种名	白桑 *Morus alba* Linn.				
种质类型	地方品种	采集地点	河南省洛阳市白马寺内		
采集场所	庭院	采集地地形	平原	采集地地势	平坦
采集地小环境	庭院	采集地生态系统	其他	采集地植被	其他
胸围	3.15米	高度	18米	冠幅	15米
枝条皮色	灰	冬芽颜色	褐	冬芽形状	卵圆形
叶片类型	全叶	全叶形状	卵圆形	叶片颜色	深绿
叶尖形状	锐头	叶基形状	浅心形	叶缘形状	钝齿
叶缘齿尖形态	无突起或芒刺	叶上表皮毛	无	叶下表皮毛	无
叶面光泽	强	叶面糙滑	光滑	叶面缩皱	微皱

编号	2010190011				
种名	白桑 *Morus alba* Linn.				
种质类型	地方品种	采集地点	河南省辉县关山国家地质公园东岭服务区边		
采集场所	庭院	采集地地形	山地	采集地地势	起伏
采集地小环境	山腰、庭院、村边	采集地生态系统	其他	采集地植被	其他
胸围	2.35米	高度	10米	冠幅	10米
枝条皮色	褐	冬芽颜色	褐	冬芽形状	球形
叶片类型	全叶	全叶形状	心脏形	叶片颜色	翠绿
叶尖形状	锐头	叶基形状	浅心形	叶缘形状	锐齿
叶缘齿尖形态	突起	叶上表皮毛	无	叶下表皮毛	无
叶面光泽	强	叶面糙滑	光滑	叶面缩皱	微皱

编号	2010190013				
种名	蒙桑 *Morus mongolica* Schneid.				
种质类型	野生资源	采集地点	河南省辉县上八里乡关山国家地质公园醉石苑		
采集场所	旷野	采集地地形	山地	采集地地势	起伏
采集地小环境	山腰、路旁	采集地生态系统	森林	采集地植被	阔叶林
胸围	1.45米	高度	8米	冠幅	8米
枝条皮色	紫	冬芽颜色	褐	冬芽形状	卵圆形
叶片类型	全裂混生	全叶形状	卵圆形	叶片颜色	深绿
叶尖形状	长尾状	叶基形状	浅心形	叶缘形状	乳头齿
叶缘齿尖形态	芒刺	叶上表皮毛	无	叶下表皮毛	无
叶面光泽	强	叶面糙滑	光滑	叶面缩皱	微皱

编号	2010190014				
种名	白桑 *Morus alba* Linn.				
种质类型	地方品种	采集地点	河南省辉县上八里乡关山国家地质公园醉石苑		
采集场所	旷野	采集地地形	山地	采集地地势	起伏
采集地小环境	山腰、路旁	采集地生态系统	森林	采集地植被	阔叶林
胸围	2.1米	高度	10米	冠幅	8米
枝条皮色	褐	冬芽颜色	褐	冬芽形状	卵圆形
叶片类型	全叶，偶裂	全叶形状	心脏形	叶片颜色	深绿
叶尖形状	短尾状	叶基形状	心形	叶缘形状	乳头齿
叶缘齿尖形态	突起	叶上表皮毛	有	叶下表皮毛	无
叶面光泽	较弱	叶面糙滑	粗糙	叶面缩皱	无皱

　　该树主干高约2米，整个主干似被劈去一半。树下立有一大理石碑，上书"传说王莽、刘秀争天下时，刘秀被王莽追至树下，吃树上的桑椹解饥渴而体力大增，终于逃脱。王莽追至树下恼怒万分，拔剑劈树，经过上千年的生长，这棵桑树成为现在的样子，'剑痕'犹在"。

编号	2010190015				
种名	蒙桑 Morus mongolica Schneid.				
种质类型	野生资源	采集地点	河南省辉县上八里乡关山国家地质公园醉石苑		
采集场所	庭院	采集地地形	平原	采集地地势	起伏
采集地小环境	山腰、路旁	采集地生态系统	森林	采集地植被	阔叶林
胸围	0.9米	高度	6米	冠幅	6米
枝条皮色	紫	冬芽颜色	褐	冬芽形状	卵圆形
叶片类型	全裂混生	全叶形状	卵圆形	叶片颜色	深绿
叶尖形状	长尾状	叶基形状	心形	叶缘形状	乳头齿
叶缘齿尖形态	芒刺	叶上表皮毛	无	叶下表皮毛	无
叶面光泽	较强	叶面糙滑	光滑	叶面缩皱	无皱

编号	2010190016				
种名	蒙桑 *Morus mongolica* Schneid.				
种质类型	野生资源	采集地点	河南省辉县关山国家地质公园东岭服务区附近		
采集场所	旷野	采集地地形	山地	采集地地势	起伏
采集地小环境	山腰、林间空地	采集地生态系统	森林	采集地植被	阔叶林
胸围	2.0米	高度	15米	冠幅	10米
枝条皮色	紫	冬芽颜色	褐	冬芽形状	卵圆形
叶片类型	裂叶	全叶形状	卵圆形	叶片颜色	深绿
叶尖形状	长尾状	叶基形状	心形	叶缘形状	钝齿
叶缘齿尖形态	芒刺	叶上表皮毛	无	叶下表皮毛	无
叶面光泽	强	叶面糙滑	光滑	叶面缩皱	无皱

编号	2009070010				
种名	白桑 *Morus alba* Linn.				
种质类型	地方品种	采集地点	黑龙江省杜尔伯特蒙古族自治县石人沟养殖场		
采集场所	旷野	采集地地形	平原	采集地地势	起伏
采集地小环境	田边、路旁	采集地生态系统	农田	采集地植被	其他
胸围	0.9米	高度	10米	冠幅	8米
枝条皮色	灰	冬芽颜色	褐	冬芽形状	卵圆形
叶片类型	全裂混生	全叶形状	卵圆形	叶片颜色	翠绿
叶尖形状	锐头	叶基形状	浅心形	叶缘形状	乳头齿
叶缘齿尖形态	无突起或芒刺	叶上表皮毛	无	叶下表皮毛	无
叶面光泽	强	叶面糙滑	光滑	叶面缩皱	无皱

编号	2009070011				
种名	白桑 *Morus alba* Linn.				
种质类型	地方品种	采集地点	黑龙江省杜尔伯特蒙古族自治县石人沟养殖场		
采集场所	旷野	采集地地形	平原	采集地地势	起伏
采集地小环境	田边、路旁	采集地生态系统	农田	采集地植被	其他
胸围	1.3米	高度	2米	冠幅	8米
枝条皮色	灰	冬芽颜色	褐	冬芽形状	卵圆形
叶片类型	全叶	全叶形状	卵圆形	叶片颜色	翠绿
叶尖形状	锐头	叶基形状	浅心形	叶缘形状	乳头齿
叶缘齿尖形态	无突起或芒刺	叶上表皮毛	无	叶下表皮毛	无
叶面光泽	强	叶面糙滑	光滑	叶面缩皱	无皱

编号	2009070012				
种名	白桑*Morus alba* Linn.				
种质类型	地方品种	采集地点	黑龙江省杜尔伯特蒙古族自治县石人沟养殖场		
采集场所	旷野	采集地地形	平原	采集地地势	起伏
采集地小环境	田边、路旁	采集地生态系统	农田	采集地植被	其他
胸围	1.5米	高度	8米	冠幅	6米
枝条皮色	灰	冬芽颜色	褐	冬芽形状	卵圆形
叶片类型	全叶	全叶形状	卵圆形	叶片颜色	翠绿
叶尖形状	锐头	叶基形状	浅心形	叶缘形状	乳头齿
叶缘齿尖形态	无突起或芒刺	叶上表皮毛	无	叶下表皮毛	无
叶面光泽	强	叶面糙滑	光滑	叶面缩皱	无皱

编号	2009070013				
种名	白桑 Morus alba Linn.				
种质类型	地方品种	采集地点	黑龙江省齐齐哈尔市明月岛		
采集场所	旷野	采集地地形	平原	采集地地势	平坦
采集地小环境	庭院	采集地生态系统	草地	采集地植被	其他
胸围	1.8米	高度	13米	冠幅	15米
枝条皮色	灰	冬芽颜色	褐	冬芽形状	卵圆形
叶片类型	全裂混生	全叶形状	卵圆形	叶片颜色	翠绿
叶尖形状	短尾状	叶基形状	浅心形	叶缘形状	钝齿
叶缘齿尖形态	无突起或芒刺	叶上表皮毛	无	叶下表皮毛	无
叶面光泽	强	叶面糙滑	光滑	叶面缩皱	无皱

　　位于齐齐哈尔市明月岛环岛小火车明月岛站房外，明月岛位于齐齐哈尔市区西北7千米处，是嫩江上的一座四面环水的江心岛，全岛面积约7.6平方千米。原名"泗水岛"，由于形同一弯明月倒映在嫩江江水之中，故取名"明月岛"。岛屿东西长约4千米，南北宽约3千米，面积约7.6平方千米。自然环境优美。岛屿地势蜿蜒起伏，草甸、沼泽错落，两条小河和5个岛中湖点缀其间，500余种植物和15万株树木覆盖着连绵沙丘。岛上桑树分布众多，为散生，此株为最大的一株。

编号	2009070014				
种名	白桑 *Morus alba* Linn.				
种质类型	地方品种	采集地点	黑龙江省齐齐哈尔市明月岛		
采集场所	旷野	采集地地形	平原	采集地地势	平坦
采集地小环境	草地	采集地生态系统	草地	采集地植被	灌丛
胸围	0.86米，0.86米，0.56米	高度	8米	冠幅	6米
枝条皮色	灰	冬芽颜色	褐	冬芽形状	卵圆形
叶片类型	全叶	全叶形状	心脏形	叶片颜色	深绿
叶尖形状	锐头	叶基形状	浅心形	叶缘形状	钝齿
叶缘齿尖形态	无突起或芒刺	叶上表皮毛	无	叶下表皮毛	无
叶面光泽	强	叶面糙滑	光滑	叶面缩皱	无皱

编号	2011170003				
种名	白桑 *Morus alba* Linn.				
种质类型	地方品种	采集地点	湖北省远安县鸣凤山景区山脚太极图附近		
采集场所	旷野	采集地地形	山地	采集地地势	平坦
采集地小环境	山脚、路旁、河滩	采集地生态系统	森林	采集地植被	阔叶林
胸围	1.0米，1.04米	高度	12米	冠幅	8米
枝条皮色	黄	冬芽颜色	褐	冬芽形状	卵圆形
叶片类型	全叶	全叶形状	心脏形	叶片颜色	翠绿
叶尖形状	短尾状	叶基形状	浅心形	叶缘形状	乳头齿
叶缘齿尖形态	无突起或芒刺	叶上表皮毛	无	叶下表皮毛	无
叶面光泽	较强	叶面糙滑	光滑	叶面缩皱	无皱

编号	2011170004				
种名	鲁桑 *Morus multicaulis* Perr.				
种质类型	地方品种	采集地点	湖北省远安县荷花镇望家三组		
采集场所	旷野	采集地地形	丘陵	采集地地势	起伏
采集地小环境	路旁、村边	采集地生态系统	农田	采集地植被	其他
胸围	1.0米	高度	10米	冠幅	6米
枝条皮色	黄	冬芽颜色	褐	冬芽形状	球形
叶片类型	全叶	全叶形状	长心脏形	叶片颜色	深绿
叶尖形状	短尾状	叶基形状	深心形	叶缘形状	乳头齿
叶缘齿尖形态	无突起或芒刺	叶上表皮毛	无	叶下表皮毛	无
叶面光泽	较强	叶面糙滑	光滑	叶面缩皱	微皱

编号	2011170005				
种名	白桑 *Morus alba* Linn.				
种质类型	地方品种	采集地点	湖北省远安县荷花镇望天二组		
采集场所	庭院	采集地地形	丘陵	采集地地势	起伏
采集地小环境	田边、庭院	采集地生态系统	农田	采集地植被	其他
胸围	0.79米	高度	6米	冠幅	5米
枝条皮色	褐	冬芽颜色	棕	冬芽形状	球形
叶片类型	全叶	全叶形状	长心脏形	叶片颜色	深绿
叶尖形状	短尾状	叶基形状	浅心形	叶缘形状	锐齿
叶缘齿尖形态	无突起或芒刺	叶上表皮毛	无	叶下表皮毛	无
叶面光泽	较强	叶面糙滑	光滑	叶面缩皱	无皱

编号	2011170006				
种名	鲁桑 *Morus multicaulis* Perr.				
种质类型	地方品种	采集地点	湖北省南漳县板桥乡董家台村一组		
采集场所	田间	采集地地形	丘陵	采集地地势	平坦
采集地小环境	田边、村边	采集地生态系统	农田	采集地植被	其他
胸围	1.17米	高度	10米	冠幅	5米
枝条皮色	褐	冬芽颜色	褐	冬芽形状	正三角形
叶片类型	全叶	全叶形状	心脏形	叶片颜色	翠绿
叶尖形状	短尾状	叶基形状	心形	叶缘形状	钝齿
叶缘齿尖形态	无突起或芒刺	叶上表皮毛	无	叶下表皮毛	无
叶面光泽	较强	叶面糙滑	光滑	叶面缩皱	微皱

编号	2011170007				
种名	鲁桑 *Morus multicaulis* Perr.				
种质类型	地方品种	采集地点	湖北省南漳县板桥乡董家台村二组		
采集场所	田间	采集地地形	丘陵	采集地地势	起伏
采集地小环境	田埂、村边	采集地生态系统	农田	采集地植被	其他
胸围	1.16米	高度	10米	冠幅	8米
枝条皮色	青	冬芽颜色	褐	冬芽形状	正三角形
叶片类型	全叶	全叶形状	心脏形	叶片颜色	深绿
叶尖形状	短尾状	叶基形状	深心形	叶缘形状	乳头齿
叶缘齿尖形态	无突起或芒刺	叶上表皮毛	无	叶下表皮毛	无
叶面光泽	较强	叶面糙滑	光滑	叶面缩皱	微皱

编号	2011170009				
种名	华桑 *Morus cathayana* Hemsl.				
种质类型	野生资源	采集地点	湖北省神农架林区松柏镇麻湾村三组		
采集场所	旷野	采集地地形	山地	采集地地势	平坦
采集地小环境	山腰、林间	采集地生态系统	森林	采集地植被	阔叶林
胸围	1.64米，2.20米，2.53米	高度	50米	冠幅	8米
枝条皮色	青	冬芽颜色	褐	冬芽形状	卵圆形
叶片类型	全叶	全叶形状	心脏形	叶片颜色	深绿
叶尖形状	短尾状	叶基形状	心形	叶缘形状	乳头齿
叶缘齿尖形态	无突起或芒刺	叶上表皮毛	有	叶下表皮毛	有
叶面光泽	较弱	叶面糙滑	粗糙	叶面缩皱	无皱

编号	2011170013				
种名	白桑 *Morus alba* Linn.				
种质类型	地方品种	采集地点	湖北省神农架林区宋洛乡盘龙村二组		
采集场所	旷野	采集地地形	山地	采集地地势	起伏
采集地小环境	山脚、村边、河滩	采集地生态系统	森林	采集地植被	阔叶林
胸围	0.88米	高度	4米	冠幅	4米
枝条皮色	褐	冬芽颜色	褐	冬芽形状	卵圆形
叶片类型	全叶	全叶形状	心脏形	叶片颜色	墨绿
叶尖形状	长尾状	叶基形状	心形	叶缘形状	乳头齿
叶缘齿尖形态	无突起或芒刺	叶上表皮毛	无	叶下表皮毛	无
叶面光泽	较强	叶面糙滑	微糙	叶面缩皱	微皱

编号	2012170006				
种名	华桑 *Morus cathayana* Hemsl.				
种质类型	野生资源	采集地点	湖北省神农林区松柏镇麻湾村三组		
采集场所	旷野	采集地地形	山地	采集地地势	起伏
采集地小环境	册腰、林间、村旁	采集地生态系统	森林	采集地植被	阔叶林
胸围	1.35米，1.18米	高度	30米	冠幅	10米
枝条皮色	青	冬芽颜色	棕	冬芽形状	卵圆形
叶片类型	全叶	全叶形状	心脏形	叶片颜色	深绿
叶尖形状	短尾状	叶基形状	深心形	叶缘形状	钝齿
叶缘齿尖形态	无突起或芒刺	叶上表皮毛	有	叶下表皮毛	有
叶面光泽	弱	叶面糙滑	粗糙	叶面缩皱	无皱

编号	2012170007				
种名	山桑 *Morus bombycis* Koidz.				
种质类型	野生资源	采集地点	湖北省南漳县巡检乡不二坪村三组		
采集场所	庭院	采集地地形	山地	采集地地势	起伏
采集地小环境	山腰、庭院	采集地生态系统	农田	采集地植被	阔叶林
胸围	1.16米	高度	6米	冠幅	7米
枝条皮色	褐	冬芽颜色	棕	冬芽形状	卵圆形
叶片类型	全叶	全叶形状	长心脏形	叶片颜色	翠绿
叶尖形状	长尾状	叶基形状	浅心形	叶缘形状	钝齿
叶缘齿尖形态	芒刺	叶上表皮毛	无	叶下表皮毛	无
叶面光泽	较弱	叶面糙滑	微糙	叶面缩皱	无皱

编号	2017180006				
种名	华桑 Morus alba Linn.				
种质类型	野生资源	采集地点	湖南省炎陵县中村乡道任村		
采集场所	旷野	采集地地形	山地	采集地地势	起伏
采集地小环境	山腰、林间	采集地生态系统	森林	采集地植被	阔叶林
枝条皮色	褐	冬芽颜色	紫	冬芽形状	卵圆形
叶片类型	全叶	全叶形状	阔心脏形	叶片颜色	翠绿
叶尖形状	短尾状	叶基形状	心形	叶缘形状	钝齿
叶缘齿尖形态	无突起或芒刺	叶上表皮毛	有	叶下表皮毛	有
叶面光泽	无光泽	叶面糙滑	粗糙	叶面缩皱	无皱

该株古桑树长势较好，枝繁叶茂，是目前为止已发现的树体最大的华桑植株，位于湖南省炎陵县中村乡道任村的深山里，距离县城约46千米。基原生境人迹罕至，山高坡陡，行走困难。在该植株周边20米范围内，还生长有4棵较古老的华桑植株，但长势一般。

　　炎陵县原名酃县，始建于宋嘉定四年（公元1211年），清乾隆《酃县志》载县城有酃泉，所以为名。因"邑有圣陵"——炎帝陵，1994年更名为炎陵县。古老华桑，自然奇观；炎帝圣陵，人间胜景；在炎陵这块圣地交相辉映，相得盖彰。

编号	2017120001				
种名	鲁桑 *Morus multicaulis* Perr.				
种质类型	地方品种	采集地点	江西省吉安市吉州区兴桥镇东界村		
采集场所	田间	采集地地形	平原	采集地地势	平坦
采集地小环境	田埂、路旁	采集地生态系统	农田	采集地植被	其他
胸围	3.15米	高度	8米	冠幅	10米
枝条皮色	褐	冬芽颜色	褐	冬芽形状	盾形
叶片类型	全叶	全叶形状	长心脏形	叶片颜色	翠绿
叶尖形状	锐头	叶基形状	浅心形	叶缘形状	乳头齿
叶缘齿尖形态	无突起或芒刺	叶上表皮毛	无	叶下表皮毛	无
叶面光泽	较强	叶面糙滑	光滑	叶面缩皱	微皱

编号	2017120007				
种名	鲁桑 *Morus multicaulis* Perr.				
种质类型	地方品种	采集地点	江西省安福县甘洛乡甘洛村		
采集场所	旷野	采集地地形	平原	采集地地势	平坦
采集地小环境	河滩	采集地生态系统	森林	采集地植被	阔叶林
胸围	3.4米	高度	15米	冠幅	20米
枝条皮色	黄	冬芽颜色	褐	冬芽形状	盾形
叶片类型	全叶	全叶形状	卵圆形	叶片颜色	翠绿
叶尖形状	钝头	叶基形状	浅心形	叶缘形状	乳头齿
叶缘齿尖形态	无突起或芒刺	叶上表皮毛	无	叶下表皮毛	无
叶面光泽	较强	叶面糙滑	微糙	叶面缩皱	微皱

编号	2010140001				
种名	白桑 *Morus alba* Linn.				
种质类型	地方品种	采集地点	山东省夏津县黄河故道森林公园		
采集场所	旷野	采集地地形	平原	采集地地势	平坦
采集地小环境	林间	采集地生态系统	森林	采集地植被	阔叶林
胸围	1.0米	高度	4米	冠幅	6米
枝条皮色	黄	冬芽颜色	黄	冬芽形状	卵圆形
叶片类型	全叶	全叶形状	卵圆形	叶片颜色	翠绿
叶尖形状	短尾状	叶基形状	浅心形	叶缘形状	乳头齿
叶缘齿尖形态	无突起或芒刺	叶上表皮毛	无	叶下表皮毛	无
叶面光泽	较强	叶面糙滑	光滑	叶面缩皱	无皱

编号	2010140006				
种名	鲁桑 *Morus multicaulis* Perr.				
种质类型	地方品种	采集地点	山东省临朐县山北头村		
采集场所	旷野	采集地地形	山地	采集地地势	起伏
采集地小环境	山腰、田边	采集地生态系统	农田	采集地植被	其他
胸围	1.0米	高度	6米	冠幅	6米
枝条皮色	黄	冬芽颜色	褐	冬芽形状	正三角形
叶片类型	全叶	全叶形状	心脏形	叶片颜色	翠绿
叶尖形状	短尾状	叶基形状	心形	叶缘形状	钝齿
叶缘齿尖形态	无突起或芒刺	叶上表皮毛	无	叶下表皮毛	无
叶面光泽	较强	叶面糙滑	光滑	叶面缩皱	微皱

编号	2010140007				
种名	鲁桑 *Morus multicaulis* Perr.				
种质类型	地方品种	采集地点	山东省临朐县山北头村		
采集场所	旷野	采集地地形	山地	采集地地势	起伏
采集地小环境	山腰、田边	采集地生态系统	农田	采集地植被	其他
胸围	1.19米	高度	8米	冠幅	6米
枝条皮色	黄	冬芽颜色	褐	冬芽形状	正三角形
叶片类型	全叶	全叶形状	心脏形	叶片颜色	翠绿
叶尖形状	锐头	叶基形状	浅心形	叶缘形状	乳头齿
叶缘齿尖形态	无突起或芒刺	叶上表皮毛	无	叶下表皮毛	无
叶面光泽	较强	叶面糙滑	光滑	叶面缩皱	微皱

编号	2010140008				
种名	鲁桑 *Morus multicaulis* Perr.				
种质类型	地方品种	采集地点	山东省临朐县山北头村		
采集场所	旷野	采集地地形	山地	采集地地势	平坦
采集地小环境	山腰、田边	采集地生态系统	农田	采集地植被	其他
胸围	1.7米	高度	8米	冠幅	6米
枝条皮色	黄	冬芽颜色	褐	冬芽形状	正三角形
叶片类型	全叶	全叶形状	心脏形	叶片颜色	翠绿
叶尖形状	锐头	叶基形状	浅心形	叶缘形状	乳头齿
叶缘齿尖形态	无突起或芒刺	叶上表皮毛	无	叶下表皮毛	无
叶面光泽	较强	叶面糙滑	光滑	叶面缩皱	波皱

编号	2010140009				
种名	鲁桑 *Morus multicaulis* Perr.				
种质类型	地方品种	采集地点	山东省邹城县峄山乡峄山风景区盘龙洞景点附近		
采集场所	旷野	采集地地形	山地	采集地地势	起伏
采集地小环境	山脚、路旁	采集地生态系统	森林	采集地植被	阔叶林
胸围	1.6米	高度	15米	冠幅	10米
枝条皮色	灰	冬芽颜色	褐	冬芽形状	卵圆形
叶片类型	全叶	全叶形状	长心脏形	叶片颜色	翠绿
叶尖形状	锐头	叶基形状	浅心形	叶缘形状	钝齿
叶缘齿尖形态	无突起或芒刺	叶上表皮毛	无	叶下表皮毛	无
叶面光泽	强	叶面糙滑	光滑	叶面缩皱	波皱

编号	2010140010				
种名	鲁桑 *Morus multicaulis* Perr.				
种质类型	地方品种	采集地点	山东省邹城县峄山乡峄山风景区盘龙洞景点附近		
采集场所	旷野	采集地地形	山地	采集地地势	起伏
采集地小环境	山脚、乱石滩	采集地生态系统	森林	采集地植被	阔叶林
胸围	1.16米	高度	8米	冠幅	8米
枝条皮色	灰	冬芽颜色	褐	冬芽形状	卵圆形
叶片类型	全叶	全叶形状	长心脏形	叶片颜色	翠绿
叶尖形状	锐头	叶基形状	浅心形	叶缘形状	乳头齿
叶缘齿尖形态	无突起或芒刺	叶上表皮毛	无	叶下表皮毛	无
叶面光泽	强	叶面糙滑	光滑	叶面缩皱	波皱

编号	2010140011				
种名	鲁桑 *Morus multicaulis* Perr.				
种质类型	地方品种	采集地点	山东省泰安市泰山风景区		
采集场所	旷野	采集地地形	山地	采集地地势	起伏
采集地小环境	山腰、庭院	采集地生态系统	森林	采集地植被	阔叶林
胸围	1.06米	高度	6	冠幅	8米
枝条皮色	青	冬芽颜色	褐	冬芽形状	正三角形
叶片类型	全叶	全叶形状	椭圆形	叶片颜色	翠绿
叶尖形状	短尾状	叶基形状	浅心形	叶缘形状	钝齿
叶缘齿尖形态	无突起或芒刺	叶上表皮毛	无	叶下表皮毛	无
叶面光泽	强	叶面糙滑	光滑	叶面缩皱	波皱

编号	2010040001				
种名	白桑 *Morus alba* Linn.				
种质类型	地方品种	采集地点	山西省运城市盐湖区常平乡常平村关帝祖祠		
采集场所	庭院	采集地地形	平原	采集地地势	平坦
采集地小环境	庭院	采集地生态系统	其他	采集地植被	其他
胸围	1.8米	高度	18米	冠幅	10米
枝条皮色	灰	冬芽颜色	褐	冬芽形状	卵圆形
叶片类型	全叶	全叶形状	长心脏形	叶片颜色	深绿
叶尖形状	锐头	叶基形状	心形	叶缘形状	乳头齿
叶缘齿尖形态	无突起或芒刺	叶上表皮毛	无	叶下表皮毛	无
叶面光泽	强	叶面糙滑	光滑	叶面缩皱	无

关羽的家庙，又称关帝祖祠，位于运城市西南20余千米的常平乡常平村内。南靠中条，北临盐池，庙内泥塑尚存，建筑群体保护较好。据史书记载，创建于隋，金代始成庙宇。庙堂内不少树木奇形异状，将关圣家庙装点成为一个"奇树园"，其中最有名的有五世同堂桑、化雪柏、扭柏、裂柏和龙虎二柏等六株奇树。五世同堂桑，其五条树根裸露在地表，五

根粗枝伸向天空，每年桑葚五生五熟，传说它是献给关羽五代家人的祭品。长在关圣娘娘庙前的这棵古桑，传说曾被刘秀封为庙中树王。管理部门在古桑树下立有一铜牌，上书："树龄300年，每年自春至秋，枝叶繁茂，花果五生五熟，当地百姓传说：因祠内奉祠有关公三代先祖及其父子，才有奇异现象，故称五世同堂桑"。

编号	2010040003				
种名	白桑 *Morus alba* Linn.				
种质类型	地方品种	采集地点	山西省阳城县寺头乡张家庄村东沟霍元胜屋后		
采集场所	田间	采集地地形	丘陵	采集地地势	起伏
采集地小环境	田间、村边	采集地生态系统	农田	采集地植被	其他
胸围	3.64米	高度	7米	冠幅	10米
枝条皮色	灰	冬芽颜色	褐	冬芽形状	卵圆形
叶片类型	全叶	全叶形状	长心脏形	叶片颜色	深绿
叶尖形状	锐头	叶基形状	心形	叶缘形状	锐齿
叶缘齿尖形态	无突起或芒刺	叶上表皮毛	无	叶下表皮毛	无
叶面光泽	强	叶面糙滑	光滑	叶面缩皱	无

此树生长旺盛，品种为黄格鲁桑，老树权干呈两大枝干向上伸展，形成高大的树冠。据户主介绍，能产春叶90千克。其主干已中空，中空部分右以容得下3个成人，枝干苍劲挺拔，枝繁叶，树龄约600～700年，是目前阳城现存古桑树中最粗的桑树王（元锁胜，2012）。

编号	2010040004				
种名	白桑 *Morus alba* Linn.				
种质类型	地方品种	采集地点	山西省沁水县土沃乡南阳村		
采集场所	旷野	采集地地形	丘陵	采集地地势	起伏
采集地小环境	村边、路旁	采集地生态系统	农田	采集地植被	其他
胸围	1.46米	高度	15米	冠幅	6米
枝条皮色	黄	冬芽颜色	褐	冬芽形状	卵圆形
叶片类型	全叶，偶裂	全叶形状	卵圆形	叶片颜色	深绿
叶尖形状	锐头	叶基形状	心形	叶缘形状	乳头齿
叶缘齿尖形态	无突起或芒刺	叶上表皮毛	无	叶下表皮毛	无
叶面光泽	强	叶面糙滑	光滑	叶面缩皱	无

编号	2010040005				
种名	白桑 *Morus alba* Linn.				
种质类型	地方品种	采集地点	山西省沁水县土沃乡南阳村		
采集场所	旷野	采集地地形	丘陵	采集地地势	起伏
采集地小环境	村边、路旁	采集地生态系统	农田	采集地植被	其他
胸围	1.56米	高度	5米	冠幅	5米
枝条皮色	黄	冬芽颜色	褐	冬芽形状	卵圆形
叶片类型	全叶	全叶形状	心脏形	叶片颜色	深绿
叶尖形状	锐头	叶基形状	心形	叶缘形状	钝齿
叶缘齿尖形态	无突起或芒刺	叶上表皮毛	无	叶下表皮毛	无
叶面光泽	强	叶面糙滑	光滑	叶面缩皱	无

编号	2010040006				
种名	白桑 *Morus alba* Linn.				
种质类型	地方品种	采集地点	山西省闻喜县石门乡白家滩村中条山林局白家滩管护站旁		
采集场所	旷野	采集地地形	丘陵	采集地地势	起伏
采集地小环境	田边、村边	采集地生态系统	农田	采集地植被	其他
胸围	5.4米	高度	16米	冠幅	16米
枝条皮色	灰	冬芽颜色	褐	冬芽形状	卵圆形
叶片类型	全裂混生	全叶形状	心脏形	叶片颜色	深绿
叶尖形状	全叶钝头，裂叶尾状	叶基形状	心形	叶缘形状	乳头齿
叶缘齿尖形态	无突起或芒刺	叶上表皮毛	无	叶下表皮毛	无
叶面光泽	强	叶面糙滑	光滑	叶面缩皱	无

　　该树位于中条山麓汤王山旅游区，可谓山西第一桑、山西古桑王。在主干1.8米高处分成东西2枝，西面一枝在2008年断裂，断枝半截侧卧于地，断枝处下部长出枝叶。主干北面已形成一个大的空洞。这棵古桑树龄估计在千年左右，当地老百姓称它是辅汤桑，说是与汤王藏兵、练兵有关（安太成等，2010）。

编号	2010040007				
种名	白桑 *Morus alba* Linn.				
种质类型	地方品种	采集地点	山西省运城市盐湖区解州镇解州关帝庙结义园		
采集场所	庭院	采集地地形	平原	采集地地势	平坦
采集地小环境	庭院	采集地生态系统	其他	采集地植被	其他
胸围	0.97米	高度	8米	冠幅	8米
枝条皮色	灰	冬芽颜色	褐	冬芽形状	卵圆形
叶片类型	全叶，偶裂	全叶形状	心脏形	叶片颜色	深绿
叶尖形状	短尾状	叶基形状	心形	叶缘形状	乳头齿
叶缘齿尖形态	无突起或芒刺	叶上表皮毛	无	叶下表皮毛	无
叶面光泽	强	叶面糙滑	光滑	叶面缩皱	无

编号	2010040008				
种名	白桑 *Morus alba* Linn.				
种质类型	地方品种	采集地点	山西省运城市盐湖区解州镇关帝庙文管所办公院内		
采集场所	庭院	采集地地形	平原	采集地地势	平坦
采集地小环境	庭院	采集地生态系统	其他	采集地植被	其他
胸围	1.62米	高度	18米	冠幅	10米
枝条皮色	灰	冬芽颜色	褐	冬芽形状	卵圆形
叶片类型	全叶	全叶形状	长心脏形	叶片颜色	深绿
叶尖形状	短尾状	叶基形状	浅心形	叶缘形状	钝齿
叶缘齿尖形态	无突起或芒刺	叶上表皮毛	无	叶下表皮毛	无
叶面光泽	强	叶面糙滑	光滑	叶面缩皱	无

编号	2010040009				
种名	白桑 *Morus alba* Linn.				
种质类型	地方品种	采集地点	山西省沁水县土沃乡南阳村		
采集场所	田间	采集地地形	丘陵	采集地地势	起伏
采集地小环境	田间	采集地生态系统	其他	采集地植被	其他
胸围	1.68米	高度	8米	冠幅	5米
枝条皮色	灰	冬芽颜色	褐	冬芽形状	卵圆形
叶片类型	全叶	全叶形状	卵圆形	叶片颜色	深绿
叶尖形状	锐状	叶基形状	心形	叶缘形状	钝齿
叶缘齿尖形态	无突起或芒刺	叶上表皮毛	无	叶下表皮毛	无
叶面光泽	强	叶面糙滑	光滑	叶面缩皱	无

编号	2010230001				
种名	*蒙桑 Morus mongolica* Schneid.（暂定）				
种质类型	野生资源	采集地点	西藏自治区米林县派镇		
采集场所	旷野	采集地地形	高原	采集地地势	起伏
采集地小环境	山脚、路旁	采集地生态系统		采集地植被	其他
胸围	4.9米，5.5米	高度	10米	冠幅	20米
枝条皮色	褐	冬芽颜色	褐	冬芽形状	卵圆形
叶片类型	全裂混生	全叶形状	卵圆形	叶片颜色	深绿
叶尖形状	长尾状	叶基形状	心形	叶缘形状	钝齿
叶缘齿尖形态	芒刺	叶上表皮毛	无	叶下表皮毛	无
叶面光泽	较强	叶面糙滑	微糙	叶面缩皱	无皱

位于雅鲁藏布大峡谷米林县派镇，从根颈部分为3枝，其中2枝向上生长，树干胸围分别为4.9米、5.5米；另一枝干横向生长，干长达7.5米，似一条巨龙卧地，十分壮观。古树枝繁叶茂，据当地人讲述，年年开花，但没有果实，故称之为"布欧色薪"，意为"雄桑树"，视为吉祥物。传说是文成公主到西藏后和松赞干布亲手所植，当地居民及游客在古桑树上挂满了白色的哈达。

编号	2010230002				
种名	蒙桑 *Morus mongolica* Schneid.（暂定）				
种质类型	野生资源	采集地点	西藏自治区米林县丹娘乡		
采集场所	旷野	采集地地形	高原	采集地地势	起伏
采集地小环境	山脚、路旁	采集地生态系统		采集地植被	灌丛
胸围	3.2米	高度	9米	冠幅	9米
枝条皮色	褐	冬芽颜色	褐	冬芽形状	卵圆形
叶片类型	全裂混生	全叶形状	卵圆形	叶片颜色	深绿
叶尖形状	长尾状	叶基形状	浅心形	叶缘形状	钝齿
叶缘齿尖形态	芒刺	叶上表皮毛	无	叶下表皮毛	无
叶面光泽	较强	叶面糙滑	光滑	叶面缩皱	无皱

编号	2010230003				
种名	蒙桑 *Morus mongolica* Schneid.				
种质类型	野生资源	采集地点	西藏自治区林芝市巴宜区布久乡		
采集场所	旷野	采集地地形	高原	采集地地势	起伏
采集地小环境	山脚、河滩	采集地生态系统	草地	采集地植被	草甸
胸围	7.5米	高度	7米	冠幅	9米
枝条皮色	褐	冬芽颜色	褐	冬芽形状	卵圆形
叶片类型	全裂混生	全叶形状	心脏形	叶片颜色	深绿
叶尖形状	长尾状	叶基形状	浅心形	叶缘形状	锐齿
叶缘齿尖形态	芒刺	叶上表皮毛	无	叶下表皮毛	无
叶面光泽	较强	叶面糙滑	光滑	叶面缩皱	无皱

编号	2010230004				
种名	蒙桑 *Morus mongolica* Schneid.（暂定）				
种质类型	野生资源	采集地点	西藏自治区林芝市巴宜区布久乡		
采集场所	旷野	采集地地形	高原	采集地地势	起伏
采集地小环境	山脚、河滩	采集地生态系统	草地	采集地植被	草甸
胸围	4.0米	高度	8米	冠幅	8米
枝条皮色	褐	冬芽颜色	褐	冬芽形状	卵圆形
叶片类型	全裂混生	全叶形状	长心脏形	叶片颜色	深绿
叶尖形状	长尾状	叶基形状	深心形	叶缘形状	钝齿
叶缘齿尖形态	芒刺	叶上表皮毛	无	叶下表皮毛	无
叶面光泽	较强	叶面糙滑	微糙	叶面缩皱	无皱

编号	2010230005				
种名	蒙桑 *Morus mongolica* Schneid.（暂定）				
种质类型	野生资源	采集地点	西藏自治区林芝市巴宜区布久乡		
采集场所	旷野	采集地地形	高原	采集地地势	起伏
采集地小环境	山脚、河滩	采集地生态系统	草地	采集地植被	草甸
胸围	3.3米	高度	7米	冠幅	8米
枝条皮色	褐	冬芽颜色	褐	冬芽形状	卵圆形
叶片类型	全裂混生	全叶形状	卵圆形	叶片颜色	深绿
叶尖形状	长尾状	叶基形状	浅心形	叶缘形状	锐齿
叶缘齿尖形态	芒刺	叶上表皮毛	无	叶下表皮毛	无
叶面光泽	较强	叶面糙滑	光滑	叶面缩皱	无皱

编号	2010230006				
种名	山桑 *Morus bombycis* Koidz.（暂定）				
种质类型	野生资源	采集地点	西藏自治区朗县洞嘎镇吾组村		
采集场所	旷野	采集地地形	高原	采集地地势	起伏
采集地小环境	山腰	采集地生态系统	草地	采集地植被	草甸
胸围	5.3米	高度	8米	冠幅	10米
枝条皮色	青	冬芽颜色	褐	冬芽形状	卵圆形
叶片类型	全裂混生	全叶形状	心脏形	叶片颜色	深绿
叶尖形状	长尾状	叶基形状	深心形	叶缘形状	乳头齿
叶缘齿尖形态	芒刺	叶上表皮毛	无	叶下表皮毛	有
叶面光泽	较弱	叶面糙滑	微糙	叶面缩皱	无皱

编号	2010230007				
种名	山桑 *Morus bombycis* Koidz.（暂定）				
种质类型	野生资源	采集地点	西藏自治区朗县洞嘎镇吾组村		
采集场所	旷野	采集地地形	高原	采集地地势	起伏
采集地小环境	山腰	采集地生态系统	草地	采集地植被	草甸
胸围	4.5米	高度	8米	冠幅	10米
枝条皮色	褐	冬芽颜色	褐	冬芽形状	卵圆形
叶片类型	全裂混生	全叶形状	卵圆形	叶片颜色	深绿
叶尖形状	长尾状	叶基形状	深心形	叶缘形状	钝齿
叶缘齿尖形态	芒刺	叶上表皮毛	无	叶下表皮毛	无
叶面光泽	较弱	叶面糙滑	微糙	叶面缩皱	无皱

编号	2010230008				
种名	蒙桑 *Morus mongolica* Schneid.（暂定）				
种质类型	野生资源	采集地点	西藏自治区米林县卧龙镇		
采集场所	旷野	采集地地形	高原	采集地地势	平坦
采集地小环境	山脚、路旁	采集地生态系统	草地	采集地植被	草甸
胸围	6.2米	高度	6米	冠幅	4米
枝条皮色	褐	冬芽颜色	褐	冬芽形状	卵圆形
叶片类型	全裂混生	全叶形状	卵圆形	叶片颜色	翠绿
叶尖形状	长尾状	叶基形状	浅心形	叶缘形状	锐齿
叶缘齿尖形态	芒刺	叶上表皮毛	无	叶下表皮毛	无
叶面光泽	较强	叶面糙滑	光滑	叶面缩皱	无皱

编号	2010230009				
种名	蒙桑 *Morus mongolica* Schneid.（暂定）				
种质类型	野生资源	采集地点	西藏自治区米林县卧龙镇		
采集场所	旷野	采集地地形	高原	采集地地势	起伏
采集地小环境	山脚、路旁	采集地生态系统		采集地植被	灌丛
胸围	7.8米	高度	6米	冠幅	10米
枝条皮色	褐	冬芽颜色	褐	冬芽形状	卵圆形
叶片类型	全裂混生	全叶形状	心脏形	叶片颜色	深绿
叶尖形状	长尾状	叶基形状	深心形	叶缘形状	乳头齿
叶缘齿尖形态	芒刺	叶上表皮毛	无	叶下表皮毛	无
叶面光泽	较强	叶面糙滑	光滑	叶面缩皱	微皱

编号	2010230010				
种名	蒙桑 *Morus mongolica* Schneid.（暂定）				
种质类型	野生资源	采集地点	西藏自治区米林县卧龙镇		
采集场所	旷野	采集地地形	高原	采集地地势	起伏
采集地小环境	山脚、路旁	采集地生态系统		采集地植被	灌丛
胸围	8.0米	高度	8米	冠幅	8米
枝条皮色	褐	冬芽颜色	褐	冬芽形状	卵圆形
叶片类型	全裂混生	全叶形状	心脏形	叶片颜色	深绿
叶尖形状	长尾状	叶基形状	浅心形	叶缘形状	锐齿
叶缘齿尖形态	芒刺	叶上表皮毛	无	叶下表皮毛	无
叶面光泽	较强	叶面糙滑	光滑	叶面缩皱	微皱

编号	2010230011				
种名	蒙桑 *Morus mongolica* Schneid.（暂定）				
种质类型	野生资源	采集地点	西藏自治区米林县卧龙镇		
采集场所	旷野	采集地地形	高原	采集地地势	起伏
采集地小环境	山脚、路旁	采集地生态系统		采集地植被	灌丛
胸围	4.4米	高度	7米	冠幅	7米
枝条皮色	褐	冬芽颜色	褐	冬芽形状	卵圆形
叶片类型	裂叶	全叶形状		叶片颜色	翠绿
叶尖形状	长尾状	叶基形状	肾形	叶缘形状	钝齿
叶缘齿尖形态	芒刺	叶上表皮毛	无	叶下表皮毛	无
叶面光泽	较弱	叶面糙滑	微糙	叶面缩皱	无皱

编号	2010230012				
种名	蒙桑 *Morus mongolica* Schneid.（暂定）				
种质类型	野生资源	采集地点	西藏自治区米林县米林镇		
采集场所	旷野	采集地地形	高原	采集地地势	起伏
采集地小环境	山脚、路旁	采集地生态系统		采集地植被	灌丛
胸围	5.3米	高度	7米	冠幅	7米
枝条皮色	褐	冬芽颜色	褐	冬芽形状	卵圆形
叶片类型	裂叶	全叶形状		叶片颜色	深绿
叶尖形状	长尾状	叶基形状	深心形	叶缘形状	钝齿
叶缘齿尖形态	芒刺	叶上表皮毛	无	叶下表皮毛	无
叶面光泽	较弱	叶面糙滑	微糙	叶面缩皱	无皱

编号	2010230014				
种名	*蒙桑Morus mongolica* Schneid.（暂定）				
种质类型	野生资源	采集地点	西藏自治区林芝市巴宜区布久乡		
采集场所	旷野	采集地地形	高原	采集地地势	平坦
采集地小环境	山脚、路旁	采集地生态系统	草地	采集地植被	草甸
胸围	13.2米	高度	10米	冠幅	18米
枝条皮色	褐	冬芽颜色	褐	冬芽形状	卵圆形
叶片类型	全裂混生	全叶形状	卵圆形	叶片颜色	墨绿
叶尖形状	长尾状	叶基形状	浅心形	叶缘形状	钝齿
叶缘齿尖形态	芒刺	叶上表皮毛	无	叶下表皮毛	无
叶面光泽	较强	叶面糙滑	光滑	叶面缩皱	无皱

位于林芝市巴宜区布久乡帮纳民俗村，树龄1 600年以上，是目前国内已发现的最古老的桑树。当地已将其开发成"世界古桑王"景区，建立了维护设施，有专人管理，得到了很好的保护。

编号	2010230015				
种名	蒙桑 *Morus mongolica* Schneid.（暂定）				
种质类型	野生资源	采集地点	西藏自治区波密县扎木镇卡达村		
采集场所	旷野	采集地地形	高原	采集地地势	起伏
采集地小环境	路旁	采集地生态系统		采集地植被	草甸
胸围	8.4米	高度	10米	冠幅	12米
枝条皮色	褐	冬芽颜色	褐	冬芽形状	卵圆形
叶片类型	全裂混生	全叶形状	卵圆形	叶片颜色	深绿
叶尖形状	长尾状	叶基形状	深心形	叶缘形状	乳头齿
叶缘齿尖形态	芒刺	叶上表皮毛	无	叶下表皮毛	无
叶面光泽	较强	叶面糙滑	光滑	叶面缩皱	无皱

编号	2010270004				
种名	白桑 *Morus alba* Linn.				
种质类型	地方品种	采集地点	新疆维吾尔自治区吐鲁番市坎儿井景区外清真寺旁		
采集场所	庭院	采集地地形	盆地	采集地地势	平坦
采集地小环境	庭院、路旁	采集地生态系统		采集地植被	其他
胸围	3.6米	高度	15米	冠幅	12米
枝条皮色	灰	冬芽颜色	褐	冬芽形状	球形
叶片类型	全裂混生	全叶形状	卵圆形	叶片颜色	深绿
叶尖形状	锐头	叶基形状	浅心形	叶缘形状	乳头齿
叶缘齿尖形态	无突起或芒刺	叶上表皮毛	无	叶下表皮毛	无
叶面光泽	强	叶面糙滑	光滑	叶面缩皱	无皱

编号	2010270005				
种名	白桑 *Morus alba* Linn.				
种质类型	地方品种	采集地点	新疆维吾尔自治区吐鲁番市高昌区葡萄乡木纳尔村		
采集场所	庭院	采集地地形	盆地	采集地地势	平坦
采集地小环境	庭院、路旁	采集地生态系统		采集地植被	其他
胸围	4.2米	高度	12米	冠幅	13米
枝条皮色	灰	冬芽颜色	褐	冬芽形状	球形
叶片类型	全裂混生	全叶形状	卵圆形	叶片颜色	深绿
叶尖形状	锐头	叶基形状	浅心形	叶缘形状	乳头齿
叶缘齿尖形态	无突起或芒刺	叶上表皮毛	无	叶下表皮毛	无
叶面光泽	强	叶面糙滑	光滑	叶面缩皱	无皱

编号	2010270007				
种名	白桑 *Morus alba* Linn.				
种质类型	地方品种	采集地点	新疆维吾尔自治区鄯善县连木沁镇县第二中学前路边		
采集场所	旷野	采集地地形	盆地	采集地地势	平坦
采集地小环境	路旁	采集地生态系统	荒漠	采集地植被	荒漠或旱生灌丛
胸围	3.2米	高度	8米	冠幅	10米
枝条皮色	灰	冬芽颜色	褐	冬芽形状	卵圆形
叶片类型	全叶	全叶形状	卵圆形	叶片颜色	深绿
叶尖形状	锐头	叶基形状	浅心形	叶缘形状	锐齿
叶缘齿尖形态	无突起或芒刺	叶上表皮毛	无	叶下表皮毛	无
叶面光泽	强	叶面糙滑	光滑	叶面缩皱	无皱

编号	2010270008				
种名	白桑 *Morus alba* Linn.				
种质类型	地方品种	采集地点	新疆维吾尔自治区鄯善县连木沁镇汗都夏村六大队		
采集场所	庭院	采集地地形	盆地	采集地地势	平坦
采集地小环境	路旁、田边	采集地生态系统	农田	采集地植被	其他
胸围	5.9米	高度	20米	冠幅	23米
枝条皮色	灰	冬芽颜色	褐	冬芽形状	卵圆形
叶片类型	全叶	全叶形状	心脏形	叶片颜色	深绿
叶尖形状	锐头	叶基形状	浅心形	叶缘形状	锐齿
叶缘齿尖形态	无突起或芒刺	叶上表皮毛	无	叶下表皮毛	无
叶面光泽	强	叶面糙滑	光滑	叶面缩皱	无皱

编号	2010270012				
种名	白桑 *Morus alba* Linn.				
种质类型	地方品种	采集地点	新疆维吾尔自治区霍城县兰干乡中心大队		
采集场所	田间	采集地地形	盆地	采集地地势	平坦
采集地小环境	田边、路旁	采集地生态系统	农田	采集地植被	其他
胸围	1.2米	高度	15米	冠幅	8米
枝条皮色	灰	冬芽颜色	褐	冬芽形状	球形
叶片类型	全裂混生	全叶形状	心脏形	叶片颜色	深绿
叶尖形状	锐头	叶基形状	浅心形	叶缘形状	乳头齿
叶缘齿尖形态	无突起或芒刺	叶上表皮毛	无	叶下表皮毛	无
叶面光泽	强	叶面糙滑	光滑	叶面缩皱	无皱

编号	2010270013				
种名	白桑 *Morus alba* Linn.				
种质类型	地方品种	采集地点	新疆维吾尔自治区霍城县三宫乡下三宫村一大队		
采集场所	田间	采集地地形	盆地	采集地地势	平坦
采集地小环境	田边、路旁	采集地生态系统	农田	采集地植被	其他
胸围	1.7米	高度	8米	冠幅	7米
枝条皮色	灰	冬芽颜色	褐	冬芽形状	球形
叶片类型	全叶	全叶形状	长心脏形	叶片颜色	深绿
叶尖形状	短尾状	叶基形状	浅心形	叶缘形状	锐齿
叶缘齿尖形态	无突起或芒刺	叶上表皮毛	无	叶下表皮毛	无
叶面光泽	强	叶面糙滑	光滑	叶面缩皱	无皱

编号	2010270015				
种名	白桑 *Morus alba* Linn.				
种质类型	地方品种	采集地点	新疆维吾尔自治区伊宁市迎宾路8号伊宁宾馆内		
采集场所	庭院	采集地地形	盆地	采集地地势	平坦
采集地小环境	庭院	采集地生态系统	森林	采集地植被	阔叶林
胸围	2.5米	高度	20米	冠幅	12米
枝条皮色	灰	冬芽颜色	褐	冬芽形状	卵圆形
叶片类型	全裂混生	全叶形状	心脏形	叶片颜色	翠绿
叶尖形状	短尾状	叶基形状	浅心形	叶缘形状	乳头齿
叶缘齿尖形态	无突起或芒刺	叶上表皮毛	无	叶下表皮毛	无
叶面光泽	较强	叶面糙滑	光滑	叶面缩皱	无皱

编号	2010270016				
种名	白桑 *Morus alba* Linn.				
种质类型	地方品种	采集地点	新疆维吾尔自治区伊宁市迎宾路8号伊宁宾馆内		
采集场所	庭院	采集地地形	盆地	采集地地势	平坦
采集地小环境	庭院	采集地生态系统	森林	采集地植被	阔叶林
胸围	2.15米	高度	15米	冠幅	10米
枝条皮色	灰	冬芽颜色	褐	冬芽形状	卵圆形
叶片类型	全裂混生	全叶形状	卵圆形	叶片颜色	翠绿
叶尖形状	短尾状	叶基形状	浅心形	叶缘形状	锐齿
叶缘齿尖形态	无突起或芒刺	叶上表皮毛	无	叶下表皮毛	无
叶面光泽	较强	叶面糙滑	光滑	叶面缩皱	无皱

编号	2010270017				
种名	白桑 *Morus alba* Linn.				
种质类型	地方品种	采集地点	新疆维吾尔自治区轮台县野云沟乡野云沟村		
采集场所	庭院	采集地地形	盆地	采集地地势	平坦
采集地小环境	庭院	采集地生态系统		采集地植被	其他
胸围	2.5米	高度	20米	冠幅	15米
枝条皮色	褐	冬芽颜色	褐	冬芽形状	卵圆形
叶片类型	全叶	全叶形状	心脏形	叶片颜色	深绿
叶尖形状	锐头	叶基形状	心形	叶缘形状	乳头齿
叶缘齿尖形态	无突起或芒刺	叶上表皮毛	无	叶下表皮毛	无
叶面光泽	强	叶面糙滑	光滑	叶面缩皱	无皱

编号	2010270018				
种名	黑桑 *Morus nigra* Linn.				
种质类型	野生资源	采集地点	新疆维吾尔自治区轮台县策大雅乡多斯买提大队		
采集场所	庭院	采集地地形	盆地	采集地地势	平坦
采集地小环境	庭院、路旁	采集地生态系统		采集地植被	其他
胸围	0.54米，0.78米	高度	4米	冠幅	4米
枝条皮色	褐	冬芽颜色	褐	冬芽形状	球形
叶片类型	全叶	全叶形状	心脏形	叶片颜色	墨绿
叶尖形状	锐头	叶基形状	深心形	叶缘形状	乳头齿
叶缘齿尖形态	无突起或芒刺	叶上表皮毛	有	叶下表皮毛	有
叶面光泽	弱	叶面糙滑	粗糙	叶面缩皱	无皱

编号	2010270019				
种名	白桑 *Morus alba* Linn.				
种质类型	地方品种	采集地点	新疆维吾尔自治区轮台县策大雅乡多斯买提大队		
采集场所	庭院	采集地地形	盆地	采集地地势	平坦
采集地小环境	庭院	采集地生态系统		采集地植被	其他
胸围	1.7米	高度	12米	冠幅	8米
枝条皮色	灰	冬芽颜色	褐	冬芽形状	球形
叶片类型	全叶	全叶形状	卵圆形	叶片颜色	深绿
叶尖形状	锐头	叶基形状	浅心形	叶缘形状	锐齿
叶缘齿尖形态	无突起或芒刺	叶上表皮毛	无	叶下表皮毛	无
叶面光泽	强	叶面糙滑	光滑	叶面缩皱	无皱

编号	2010270021				
种名	白桑 *Morus alba* Linn.				
种质类型	地方品种	采集地点	新疆维吾尔自治区温宿县依希来木其乡二大队		
采集场所	庭院	采集地地形	盆地	采集地地势	平坦
采集地小环境	庭院、路旁	采集地生态系统		采集地植被	其他
胸围	3.2米	高度	20米	冠幅	16米
枝条皮色	灰	冬芽颜色	褐	冬芽形状	卵圆形
叶片类型	全叶	全叶形状	卵圆形	叶片颜色	深绿
叶尖形状	锐头	叶基形状	浅心形	叶缘形状	锐齿
叶缘齿尖形态	无突起或芒刺	叶上表皮毛	无	叶下表皮毛	无
叶面光泽	强	叶面糙滑	光滑	叶面缩皱	无皱

编号	2010270022				
种名	白桑 *Morus alba* Linn.				
种质类型	地方品种	采集地点	新疆维吾尔自治区阿图什市塔格巴格路010号		
采集场所	庭院	采集地地形	盆地	采集地地势	平坦
采集地小环境	庭院、路旁	采集地生态系统		采集地植被	其他
胸围	2.45米	高度	15米	冠幅	15米
枝条皮色	灰	冬芽颜色	褐	冬芽形状	卵圆形
叶片类型	全叶	全叶形状	卵圆形	叶片颜色	深绿
叶尖形状	锐头	叶基形状	浅心形	叶缘形状	乳头齿
叶缘齿尖形态	无突起或芒刺	叶上表皮毛	无	叶下表皮毛	无
叶面光泽	强	叶面糙滑	光滑	叶面缩皱	无皱

编号	2010270023				
种名	白桑 *Morus alba* Linn.				
种质类型	地方品种	采集地点	新疆维吾尔自治区阿图什市松他克乡		
采集场所	庭院	采集地地形	盆地	采集地地势	平坦
采集地小环境	庭院、路旁	采集地生态系统		采集地植被	其他
胸围	1.55米	高度	10米	冠幅	8米
枝条皮色	灰	冬芽颜色	褐	冬芽形状	球形
叶片类型	全叶	全叶形状	卵圆形	叶片颜色	深绿
叶尖形状	锐头	叶基形状	浅心形	叶缘形状	锐齿
叶缘齿尖形态	无突起或芒刺	叶上表皮毛	无	叶下表皮毛	无
叶面光泽	强	叶面糙滑	光滑	叶面缩皱	无皱

编号	2010270024				
种名	白桑 *Morus alba* Linn.				
种质类型	地方品种	采集地点	新疆维吾尔自治区阿图什市松他克乡		
采集场所	庭院	采集地地形	盆地	采集地地势	平坦
采集地小环境	庭院、路旁	采集地生态系统		采集地植被	其他
胸围	1.9米	高度	9米	冠幅	6米
枝条皮色	灰	冬芽颜色	褐	冬芽形状	卵圆形
叶片类型	全叶	全叶形状	卵圆形	叶片颜色	深绿
叶尖形状	锐头	叶基形状	浅心形	叶缘形状	锐齿
叶缘齿尖形态	无突起或芒刺	叶上表皮毛	无	叶下表皮毛	无
叶面光泽	强	叶面糙滑	光滑	叶面缩皱	无皱

编号	2010270025				
种名	白桑 *Morus alba* Linn.				
种质类型	地方品种	采集地点	新疆维吾尔自治区阿图什市松他克乡		
采集场所	庭院	采集地地形	盆地	采集地地势	平坦
采集地小环境	庭院、路旁	采集地生态系统		采集地植被	其他
胸围	2.25米	高度	8米	冠幅	8米
枝条皮色	灰	冬芽颜色	褐	冬芽形状	卵圆形
叶片类型	全叶	全叶形状	卵圆形	叶片颜色	深绿
叶尖形状	短尾状	叶基形状	浅心形	叶缘形状	锐齿
叶缘齿尖形态	无突起或芒刺	叶上表皮毛	无	叶下表皮毛	无
叶面光泽	强	叶面糙滑	光滑	叶面缩皱	无皱

编号	2010270027				
种名	白桑 *Morus alba* Linn.				
种质类型	地方品种	采集地点	新疆维吾尔自治区喀什市夏马勒巴格镇		
采集场所	庭院	采集地地形	盆地	采集地地势	平坦
采集地小环境	庭院	采集地生态系统		采集地植被	其他
胸围	3.45米	高度	15米	冠幅	12米
枝条皮色	灰	冬芽颜色	褐	冬芽形状	卵圆形
叶片类型	全叶	全叶形状	卵圆形	叶片颜色	深绿
叶尖形状	锐头	叶基形状	浅心形	叶缘形状	锐齿
叶缘齿尖形态	无突起或芒刺	叶上表皮毛	无	叶下表皮毛	无
叶面光泽	强	叶面糙滑	光滑	叶面缩皱	无皱

编号	2010270029				
种名	白桑 *Morus alba* Linn.				
种质类型	地方品种	采集地点	新疆维吾尔自治区皮山县阔什塔格乡		
采集场所	旷野	采集地地形	山地	采集地地势	起伏
采集地小环境	田边、路旁	采集地生态系统	农田	采集地植被	其他
胸围	1.52米	高度	10米	冠幅	8米
枝条皮色	褐	冬芽颜色	褐	冬芽形状	卵圆形
叶片类型	裂叶	全叶形状		叶片颜色	深绿
叶尖形状	短尾状	叶基形状	浅心形	叶缘形状	锐齿
叶缘齿尖形态	无突起或芒刺	叶上表皮毛	无	叶下表皮毛	无
叶面光泽	较强	叶面糙滑	光滑	叶面缩皱	无皱

编号	2010270030				
种名	白桑 *Morus alba* Linn.				
种质类型	地方品种	采集地点	新疆维吾尔自治区皮山县阔什塔格乡		
采集场所	旷野	采集地地形	山地	采集地地势	起伏
采集地小环境	田边、路旁	采集地生态系统	农田	采集地植被	其他
胸围	1.94米	高度	10米	冠幅	10米
枝条皮色	灰	冬芽颜色	褐	冬芽形状	球形
叶片类型	全裂混生	全叶形状	卵圆形	叶片颜色	深绿
叶尖形状	锐头	叶基形状	浅心形	叶缘形状	锐齿
叶缘齿尖形态	无突起或芒刺	叶上表皮毛	无	叶下表皮毛	无
叶面光泽	强	叶面糙滑	光滑	叶面缩皱	无皱

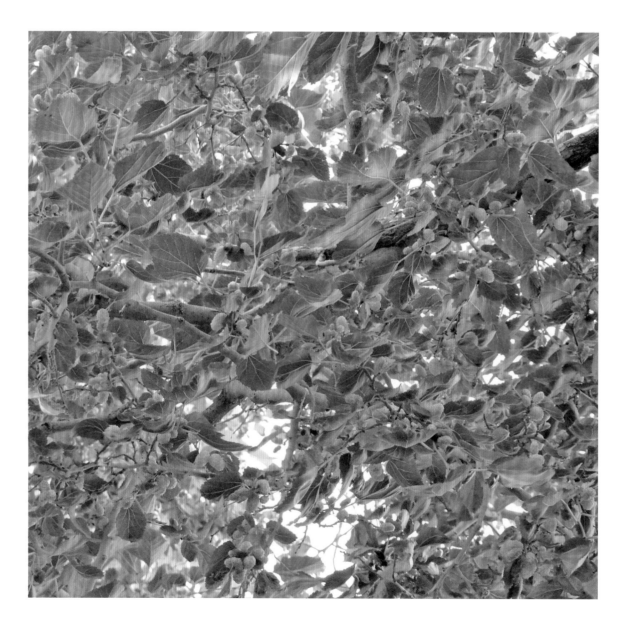

编号	2010270031				
种名	白桑 *Morus alba* Linn.				
种质类型	地方品种	采集地点	新疆维吾尔自治区皮山县阔什塔格乡		
采集场所	旷野	采集地地形	山地	采集地地势	起伏
采集地小环境	田边	采集地生态系统	农田	采集地植被	其他
胸围	1.66米	高度	10米	冠幅	8米
枝条皮色	褐	冬芽颜色	褐	冬芽形状	卵圆形
叶片类型	全裂混生	全叶形状	心脏形	叶片颜色	深绿
叶尖形状	锐头	叶基形状	浅心形	叶缘形状	锐齿
叶缘齿尖形态	无突起或芒刺	叶上表皮毛	无	叶下表皮毛	无
叶面光泽	强	叶面糙滑	光滑	叶面缩皱	无皱

编号	2010270032				
种名	黑桑 *Morus nigra* Llinn.				
种质类型	野生资源	采集地点	新疆维吾尔自治区于田县加依乡中心村二大队		
采集场所	庭院	采集地地形	盆地	采集地地势	平坦
采集地小环境	庭院、路旁	采集地生态系统		采集地植被	其他
胸围	0.9米	高度	8米	冠幅	8米
枝条皮色	褐	冬芽颜色	褐	冬芽形状	球形
叶片类型	全叶	全叶形状	阔心脏形	叶片颜色	墨绿
叶尖形状	锐头	叶基形状	深心形	叶缘形状	乳头齿
叶缘齿尖形态	无突起或芒刺	叶上表皮毛	有	叶下表皮毛	有
叶面光泽	较弱	叶面糙滑	粗糙	叶面缩皱	无皱

编号	2010270033				
种名	白桑 *Morus alba* Linn.				
种质类型	地方品种	采集地点	新疆维吾尔自治区于田县加依乡中心村二大队		
采集场所	田间	采集地地形	盆地	采集地地势	平坦
采集地小环境	田边、村边	采集地生态系统	农田	采集地植被	其他
胸围	3.53米	高度	25米	冠幅	15米
枝条皮色	灰	冬芽颜色	褐	冬芽形状	卵圆形
叶片类型	全叶	全叶形状	卵圆形	叶片颜色	深绿
叶尖形状	锐头	叶基形状	浅心形	叶缘形状	锐齿
叶缘齿尖形态	无突起或芒刺	叶上表皮毛	无	叶下表皮毛	无
叶面光泽	较强	叶面糙滑	光滑	叶面缩皱	无皱

编号	2010270035				
种名	白桑*Morus alba* Linn.				
种质类型	地方品种	采集地点	新疆维吾尔自治区策勒县策勒村托帕村		
采集场所	庭院	采集地地形	盆地	采集地地势	平坦
采集地小环境	庭院	采集地生态系统		采集地植被	其他
胸围	3.2米	高度	20米	冠幅	18米
枝条皮色	灰	冬芽颜色	褐	冬芽形状	卵圆形
叶片类型	全叶	全叶形状	长心脏形	叶片颜色	深绿
叶尖形状	短尾状	叶基形状	浅心形	叶缘形状	锐齿
叶缘齿尖形态	无突起或芒刺	叶上表皮毛	无	叶下表皮毛	无
叶面光泽	强	叶面糙滑	光滑	叶面缩皱	无皱

编号	2011210005				
种名	白桑 *Morus alba* Linn.				
种质类型	地方品种	采集地点	云南省祥云县禾甸镇新兴苴村4组		
采集场所	庭院	采集地地形	高原	采集地地势	起伏
采集地小环境	庭院	采集地生态系统		采集地植被	其他
胸围	3.64米	高度	15米	冠幅	8米
枝条皮色	褐	冬芽颜色	褐	冬芽形状	盾形
叶片类型	全叶	全叶形状	卵圆形	叶片颜色	翠绿
叶尖形状	短尾状	叶基形状	截形	叶缘形状	钝齿
叶缘齿尖形态	无突起或芒刺	叶上表皮毛	无	叶下表皮毛	无
叶面光泽	较强	叶面糙滑	光滑	叶面缩皱	无皱

编号	2011210008				
种名	长果桑 *Morus laevigata* Wall.				
种质类型	野生资源	采集地点	云南省巍山县庙街镇添泽村委添泽堡村		
采集场所	庭院	采集地地形	高原	采集地地势	平坦
采集地小环境	庭院	采集地生态系统		采集地植被	
胸围	7.0米	高度	35米	冠幅	10米
枝条皮色	青	冬芽颜色	褐	冬芽形状	卵圆形
叶片类型	全裂混生	全叶形状	卵圆形	叶片颜色	深绿
叶尖形状	长尾状	叶基形状	圆形	叶缘形状	锐齿
叶缘齿尖形态	无突起或芒刺	叶上表皮毛	有	叶下表皮毛	无
叶面光泽	弱	叶面糙滑	粗糙	叶面缩皱	无皱

该株"古桑"因桑果大又甜，被称为"糖桑"，当地居民不仅采食其桑果，还取其叶入药，该县著名中医朱希仲老先生在世时所开处方中，也常有"添泽糖桑叶"数枚。因此，方圆百里的群众，奉敬这株大桑树为"神树"，在树下修建了一座寺庙，专供祭拜之用。因为是"神树"，村民均不敢攀爬，也不允许任何人随意折枝、采叶和摘果，由于敬畏，加之精心保护，至今枝叶茂盛，生长良好。据当地范氏家族族谱记载，祖辈相传这株桑树是范礼在明洪武二十一年父亲调任蒙化卫指挥使后，自合肥天策卫带来种下的。又据清末撰写的《蒙化县志稿》卷十一地理部物产志记载："桑有湖桑、荆桑……等种，其特异者添泽堡祝国寺旁一株高五六丈，葚长三寸余，色深绿甘味如蜜"。据此推测其树龄有600年左右。

明代糖桑树

添泽堡村中有一株古桑树，根下清泉四时常溢，倚树而建一方水池，供村中饮用。老树基部背靠土坡，面做池壁，宽（半径）二米余，与池水相映成趣，愈显老当益壮，宛如一幅古画。树高约二十多米，几经风霜已老态龙钟，近年村里以沙浆水泥维护躯干的腐朽部位，仍然枝叶繁茂，春华夏实，桑果长六至八厘米，成熟的呈紫红色，味甜如蜜，故名糖桑。

祖辈相传这株桑树是范礼在洪武二十一年父亲范兴调任蒙化卫指挥史后，自合肥天策卫带来种下的。在此屯田驻守，建造基庐垦植园田，并命其地名天策堡。这株树龄六百余年的糖桑，是明代内地汉族进入云南的自然遗产，与籍蒙范氏家族共著衍生存，是一株极其珍贵的古树。

当地范氏家族族谱中关于该树的记载

编号	2011210009				
种名	白桑 *Morus alba* Linn.				
种质类型	地方品种	采集地点	云南省保山市隆阳区板桥镇孟官社区		
采集场所	庭院	采集地地形	山地	采集地地势	起伏
采集地小环境	庭院	采集地生态系统		采集地植被	其他
胸围	1.8米	高度	13米	冠幅	7米
枝条皮色	黄	冬芽颜色	褐	冬芽形状	长三角形
叶片类型	全叶	全叶形状	卵圆形	叶片颜色	翠绿
叶尖形状	短尾状	叶基形状	浅心形	叶缘形状	锐齿
叶缘齿尖形态	无突起或芒刺	叶上表皮毛	无	叶下表皮毛	无
叶面光泽	较强	叶面糙滑	光滑	叶面缩皱	无皱

编号	2011210014				
种名	长果桑 *Morus laevigata* Wall.				
种质类型	野生资源	采集地点	云南省德宏州芒市风平镇法帕村		
采集场所	旷野	采集地地形	山地	采集地地势	起伏
采集地小环境	林缘	采集地生态系统	森林	采集地植被	阔叶林
胸围	4.0米	高度		冠幅	
枝条皮色	青	冬芽颜色	棕	冬芽形状	长三角形
叶片类型	全叶	全叶形状	卵圆形	叶片颜色	翠绿
叶尖形状	长尾状	叶基形状	浅心形	叶缘形状	锐齿
叶缘齿尖形态	无突起或芒刺	叶上表皮毛	有	叶下表皮毛	有
叶面光泽	较弱	叶面糙滑	粗糙	叶面缩皱	微皱

　　原植株地上部分已毁，尚存枯桩，其围度4.0米。从枯桩周围新发6枝，其中最粗的一枝胸围已达1.0米。

编号	2011210026				
种名	长果桑 *Morus laevigata* Wall.				
种质类型	野生资源	采集地点	云南省凤庆县诗礼乡永复村		
采集场所	旷野	采集地地形	山地	采集地地势	起伏
采集地小环境	山腰、路边	采集地生态系统		采集地植被	阔叶林
胸围	2.8米	高度	15米	冠幅	8米
枝条皮色	青	冬芽颜色	褐	冬芽形状	卵圆形
叶片类型	全叶	全叶形状	椭圆形	叶片颜色	深绿
叶尖形状	长尾状	叶基形状	截形	叶缘形状	锐齿
叶缘齿尖形态	无突起或芒刺	叶上表皮毛	无	叶下表皮毛	无
叶面光泽	较强	叶面糙滑	光滑	叶面缩皱	无皱

编号	2011210030				
种名	长果桑 *Morus laevigata* Wall.				
种质类型	野生资源	采集地点	云南省镇沅县勐大镇白水村		
采集场所	旷野	采集地地形	山地	采集地地势	起伏
采集地小环境	林间	采集地生态系统	森林	采集地植被	阔叶林
胸围	3.4米	高度	30米	冠幅	10米
枝条皮色	青	冬芽颜色	褐	冬芽形状	卵圆形
叶片类型	全叶	全叶形状	卵圆形	叶片颜色	墨绿
叶尖形状	长尾状	叶基形状	圆形	叶缘形状	锐齿
叶缘齿尖形态	无突起或芒刺	叶上表皮毛	有	叶下表皮毛	有
叶面光泽	弱	叶面糙滑	粗糙	叶面缩皱	无皱

编号	2011210034				
种名	滇桑 *Morus yunnanensis* Koidz.				
种质类型	野生资源	采集地点	云南省屏边县大围山自然保护区		
采集场所	旷野	采集地地形	山地	采集地地势	起伏
采集地小环境	林间	采集地生态系统	森林	采集地植被	阔叶林
枝条皮色	棕	冬芽颜色	绿	冬芽形状	卵圆形
叶片类型	全叶	全叶形状	阔心脏形	叶片颜色	深绿
叶尖形状	长尾状	叶基形状	深心形	叶缘形状	乳头齿
叶缘齿尖形态	突起	叶上表皮毛	有	叶下表皮毛	无
叶面光泽	无光泽	叶面糙滑	粗糙	叶面缩皱	无皱

　　根据记载，滇桑在云南有三处自然分布的群落，在屏边县大围山自然保护区考察到5株滇桑，其中1株古滇桑倒地后断为五段，五段彼此分开的滇桑主干又生根发芽，并长成独立的植株，其围度分别为0.7米、0.6米、0.5米、0.65米、0.3米。滇桑的顶端优势明显，主干直立，叶片大，叶长×叶幅可达2厘米7×25厘米。滇桑的桑芽为绿色（翡翠绿），这在其他桑种中没有发现，非常独特。由于滇桑和其他桑种存在严重不亲和现象，目前还无法嫁接成功，由此可以推断大围山自然保护区特有的气候与环境非常适合滇桑生长。

编号	2012210001				
种名	白桑 *Morus alba* Linn.				
种质类型	地方品种	采集地点	云南省玉龙县拉市乡指云寺门外		
采集场所	庭院	采集地地形	高原	采集地地势	平坦
采集地小环境	庭院、路旁	采集地生态系统		采集地植被	其他
胸围	1.63米	高度	10米	冠幅	6米
枝条皮色	褐	冬芽颜色	褐	冬芽形状	卵圆形
叶片类型	全叶	全叶形状	卵圆形	叶片颜色	深绿
叶尖形状	锐头	叶基形状	浅心形	叶缘形状	锐齿
叶缘齿尖形态	无突起或芒刺	叶上表皮毛	无	叶下表皮毛	无
叶面光泽	较强	叶面糙滑	光滑	叶面缩皱	无皱

编号	2012210006				
种名	长果桑 *Morus laevigata* Wall.				
种质类型	野生资源	采集地点	云南省玉龙县拉市乡		
采集场所	庭院	采集地地形	高原	采集地地势	平坦
采集地小环境	庭院	采集地生态系统	农田	采集地植被	
胸围	1.0米	高度	12米	冠幅	8米
枝条皮色	灰	冬芽颜色	褐	冬芽形状	卵圆形
叶片类型	全裂混生	全叶形状	心脏形	叶片颜色	深绿
叶尖形状	长尾状	叶基形状	浅心形	叶缘形状	锐齿
叶缘齿尖形态	无突起或芒刺	叶上表皮毛	无	叶下表皮毛	无
叶面光泽	较强	叶面糙滑	微糙	叶面缩皱	无皱

此植株树龄约10年，为指云寺后山原古桑树上剪取枝条繁殖而成。资料记载，指云寺为丽江五大喇嘛寺首刹，始建于清代雍正年间（1728），光绪六年（1880）重修，其后山的岩桑系从西域引植，高19米，胸径1.24米，树龄260年。1993年4月考察时尚存活，但其长势不佳。2012年再次前往考察时，原植株已毁，枯枝犹存。

原植株残余枯桩

原植株 1993 年 4 月生长状况

编号	2013210001				
种名	长果桑 *Morus laevigata* Wall.				
种质类型	野生资源	采集地点	云南省双柏县法脿镇石头村		
采集场所	旷野	采集地地形	山地	采集地地势	起伏
采集地小环境	山腰、林间	采集地生态系统	森林	采集地植被	阔叶林
胸围	2.3米，3.1米，3.1米，3.8米	高度	30米	冠幅	20米
枝条皮色	褐	冬芽颜色	褐	冬芽形状	长三角形
叶片类型	全裂混生	全叶形状	卵圆形	叶片颜色	深绿
叶尖形状	长尾状	叶基形状	心形	叶缘形状	钝齿
叶缘齿尖形态	无突起或芒刺	叶上表皮毛	无	叶下表皮毛	无
叶面光泽	较强	叶面糙滑	微糙	叶面缩皱	无皱

　　在双柏县法脿镇白竹山系石头村委会境内木喜郎茶厂西北方向海拔2 000米左右半山坡上分布有13株散生的古桑群落，主干围度2.4~7.8米，植株之间相距100米左右。此株是最粗的一株，主干基部围度7.8米，距基部约1米处分成4枝，支干围度分别为2.3米、3.1米、3.1米、3.8米，树高约30米，冠幅约20米，是目前在楚雄州发现的最大一株古桑树。

编号	2015210002				
种名	白桑 *Morus alba* Linn.				
种质类型	地方品种	采集地点	云南省施甸县姚关镇清平洞景区		
采集场所	旷野	采集地地形	山地	采集地地势	起伏
采集地小环境	庭院	采集地生态系统		采集地植被	
胸围	1.0米，1.5米	高度	9米	冠幅	10米
枝条皮色	褐	冬芽颜色	褐	冬芽形状	卵圆形
叶片类型	全叶	全叶形状	卵圆形	叶片颜色	深绿
叶尖形状	短尾状	叶基形状	截形	叶缘形状	锐齿
叶缘齿尖形态	无突起或芒刺	叶上表皮毛	无	叶下表皮毛	无
叶面光泽	较强	叶面糙滑	光滑	叶面缩皱	无皱

位于云南省保山市施甸县姚关镇清平洞景区恤忠祠忠烈门外池塘边，清平洞距离施甸城20千米，位于姚关古镇外的龟山西麓，为明代爱国将领邓子龙所辟，现为一开放景区。该植株树体基本斜卧于池塘上，从基部分为两枝，其中较大的一枝在离地约0.5米处又分为两枝，据当地群众介绍，该树树龄应在100年以上。

附录一　桑树种质资源描述规范

1　范围

本文件规定了桑属（*Morus* Linn.）植物种质资源基本信息、植物学特征、生物学特性、产量性状、品质性状及抗性性状的描述要求和描述方法。

本文件适用于桑属植物种质资源的描述。

2　规范性引用文件

下列文件中的内容通过文中的规范性的引用而构成本文件必不可少的条款。其中，注日期的引用文件，仅该日期对应的版本适用于本文件；不注日期的引用文件，其最新版本（包括所有的修改单）适用于本文件。

GB/T 2260　中华人民共和国行政区划代码

GB/T 2659　世界各国和地区名称代码

NY/T 1313　农作物种质资源鉴定技术规程　桑树

NY/T 2181　农作物优异种质资源评价规范　桑树

ISO 3166　国家名称代码（Codes for the Representation of Names of Countries）

3　技术要求

3.1　样本采集

按NY/T 1313中规定的样本采集方法执行。

3.2　数据采集

每个性状至少应在同一地点进行2年的重复鉴定，鉴定方法按NY/T 1313及NY/T 2181执行。

3.3　描述内容

描述内容见表1。

表1　桑树种质资源描述内容

描述类别	描述内容
基本信息	全国统一编号、国家种质圃编号、引种号、采集号、种质名称、种质外文名、科名、属名、种名或变种名、原产国、原产省、原产地、海拔、经度、纬度、来源地、保存单位、保存单位编号、系谱、选育单位、育成年份、选育方法、种质类型、图像、观测地点

（续表）

描述类别	描述内容
植物学特征	枝态、枝条长度、枝条长短、枝条围度、枝条粗细、枝条皮色、枝条曲直、节距、皮孔形状、皮孔大小、皮孔密度、叶序、冬芽形状、冬芽大小、冬芽颜色、冬芽着生状态、叶痕、副芽比例、副芽多少、叶片着生状态、叶片展开状态、叶片类型、全叶形状、裂叶缺刻数、缺刻深浅、叶长、叶幅、100 cm² 叶片重、叶厚薄、叶色、叶面光泽、叶面糙滑、叶面缩皱、叶尖形状、叶基形状、叶缘形状、叶缘齿尖形态、嫩叶颜色、叶柄长度、叶柄长短、叶上表皮毛、叶下表皮毛、花性、花叶开放次序、雄穗长度、雄穗长短、雄穗率、雌穗率、花多少、花柱、柱头、果颜色、果形状、果长、果长短、果径、单果重、染色体数、分子标记
生物学特性	脱苞期、鹊口期、开叶期、叶片成熟期、叶片硬化期、初花期、盛花期、桑果成熟期
产量性状	发条数、发条力、发芽率、生长芽率、单株产叶量、春单株总条长、秋单株总条长、春米条产叶量、秋米条产叶量、春公斤*叶片数、秋公斤叶片数、叶梗比、梢梗比、条梗比、椹梗比、坐果率、单株产果量、米条产果量
品质性状	春粗蛋白含量、秋粗蛋白含量、春可溶糖含量、秋可溶糖含量、春五龄经过、春虫蛹统一生命率、春全茧量、春茧层量、春茧层率、秋五龄经过、秋虫蛹统一生命率、秋全茧量、秋茧层量、秋茧层率、春万蚕收茧量、秋万蚕收茧量、春万蚕茧层量、秋万蚕茧层量、春50kg桑产茧量、秋50kg桑产茧量、桑果整齐度、桑果汁液、桑果风味、桑果水分含量、桑果维生素C含量、桑果可溶性固形物含量、桑果可溶性糖含量、桑果可滴定酸含量
抗性性状	耐旱性、耐寒性、桑黄化型萎缩病抗性、桑黑枯型细菌病抗性

　＊1公斤=1kg，下同。

4　描述方法

4.1　基本信息

4.1.1　全国统一编号

　　种质的唯一标识号。国内桑树种质资源的全国统一编号由"S""省、自治区、直辖市、特别行政区代码""-""4位顺序号"顺次连续组合而成；省、自治区、直辖市、特别行政区代码见表2，4位顺序号各省、自治区、直辖市、特别行政区种质分别编号。国外引进桑种质全国统一编号由"S""国家和地区代码""-""4位顺序号"顺次连续组合而成；国家和地区代码为GB/T 2659中规定的国家和地区两字符拉丁字母代码，4位顺序号各国（地区）种质分别编号。

表2　桑树种质资源全国统一编号中省、直辖市、自治区、特别行政区代码

名称	代码	名称	代码	名称	代码	名称	代码	名称	代码	名称	代码
北京	01	黑龙江	07	福建	13	河南	19	甘肃	25	海南	31
河北	02	内蒙古	08	山东	14	四川	20	上海	26	重庆	32
天津	03	江苏	09	广东	15	云南	21	新疆	27	香港	33
山西	04	浙江	10	广西	16	贵州	22	宁夏	28	澳门	34
辽宁	05	安徽	11	湖北	17	西藏	23	青海	29	不明	00
吉林	06	江西	12	湖南	18	陕西	24	台湾	30		

4.1.2 国家种质圃编号

桑树种质在国家种质镇江桑树圃中的编号，由"GPSS""4位顺序号"顺次连续组合而成，只有已进入国家种质镇江桑树圃保存的种质才有国家种质圃编号。每份种质具有唯一的国家种质圃编号。

4.1.3 引种号

桑树种质从国外引入时赋予的编号，由"年份""国家和地区代码""4位顺序号"顺次连续组合而成，年份为4位数，国家和地区代码为GB/T 2659中规定的国家和地区两字符拉丁字母代码，4位顺序号各国（地区）种质分别编号，且每年分别编号。每份引进种质具有唯一的引种号。

4.1.4 采集号

桑树种质在野外采集时赋予的编号，由"年份""省、自治区、直辖市、特别行政区代码""4位顺序号"顺次连续组合而成。年份为4位数，省、自治区、直辖市、特别行政区代码见表2，4位顺序号各省、自治区、直辖市、特别行政区种质分别编号，且每年分别编号。

4.1.5 种质名称

桑树种质的中文名称。国内种质的原始名称，如果有多个名称，可以放在英文括号内，用英文逗号分隔。国外引进种质如果没有中文译名，可以直接用种质的外文名。

4.1.6 种质外文名

国外引进种质的外文名或国内种质的汉语拼音名。国内种质中文名称为3字（含3字）以下的，所有汉字拼音连续组合在一起，首字母大写；中文名称为4字（含4字）以上的，拼音根据词义按词组分别组合，每个词组的首字母大写；无法分开的多字地名及多字词语所有汉字拼音连续写；阿拉伯数字直接使用。国外引进种质的外文名应注意大小写和空格。

4.1.7 科名

由拉丁名加英文括号内的中文名组成。

4.1.8 属名

由拉丁名加英文括号内的中文名组成。

4.1.9 种名或变种名

种质资源在植物分类学上的种名或变种名。由拉丁名加英文括号内的中文名组成。

4.1.10 原产国

桑树种质原产国家名称、地区名称或国际组织名称。国家和地区名称参照GB/T 2659和ISO 3166，如该国家已不存在，应在原国家名称前加"原"。国际组织名称用该组织的正式英文缩写。

4.1.11 原产省

桑树种质原产省份名称，省份名称参照GB/T 2260；国外引进种质原产省用原产国家一级行政区的名称。

4.1.12 原产地

桑树种质原产县、乡、村名称，县名参照GB/T 2260。

4.1.13 海拔

桑树种质原产地的海拔，单位为m，精确到1 m。

4.1.14 经度

桑树种质原产地的经度，单位为度和分。格式为DDDFF，其中DDD为度，FF为分。东经为正值，西经为负值。

4.1.15 纬度

桑树种质原产地的纬度，单位为度和分。格式为DDFF，其中DD为度，FF为分。北纬为正值，南纬为负值。

4.1.16 来源地

桑树种质的来源国家、省、县名称，地区名称或国际组织名称。国家、地区和国际组织名称同4.1.10，省和县名称参照GB/T 2260。

4.1.17 保存单位

桑树种质保存单位名称，应写全称。

4.1.18 保存单位编号

桑树种质在保存单位中的种质编号。保存单位编号在同一保存单位中应具有唯一性。

4.1.19 系谱

桑树选育品种（系）的亲缘关系。

4.1.20 选育单位

选育桑树品种（系）的单位名称或个人，单位名称应写全称。

4.1.21 育成年份

桑树品种（系）培育成功的年份，通常为通过审定或正式发表的年份。

4.1.22 选育方法

桑树品种（系）的育种方法。

4.1.23 种质类型

保存的桑树种质资源的类型，分为：

1.野生资源　2.地方品种　3.选育品种　4.品系　5.特殊遗传材料　6.其他

4.1.24 图像

桑树种质的图像文件名。图像格式为.jpg。图像文件名由"统一编号""-""顺序号"".jpg"顺次连续组合而成。如有多个图像文件，图像文件名用英文分号分隔。图像对象主要包括植株、花、果实、特异性状等。图像要清晰，对象要突出。

4.1.25 观测地点

桑树种质植物学特征、生物学特性、产量性状、品质性状、抗性性状等的观测地点，记录到省和县名。

4.2 植物学特征

4.2.1 枝态

春伐或夏伐后一年生枝条在拳上的着生状态。

1. 直立　2. 斜生　3. 卧伏　4. 下垂

4.2.2 枝条长度

春伐或夏伐后一年生枝条的长度，单位为cm，精确到1 cm。

4.2.3 枝条长短

依据枝条长度确定的一年生枝条长短。

1. 短（夏伐桑枝条长度<130 cm；春伐桑枝条长度<150 cm）

2. 中（130 cm≤夏伐桑枝条长度≤160 cm；150 cm≤春伐桑枝条长度≤200 cm）

3. 长（夏伐桑枝条长度>160 cm；春伐桑枝条长度>200 cm）

4.2.4 枝条围度

春伐或夏伐后一年生枝条的围度，单位为cm，精确到0.1 cm。

4.2.5 枝条粗细

依据枝条围度确定的一年生枝条粗细程度。

1. 细（夏伐桑枝条围度<4.0 cm；春伐桑枝条围度<4.5 cm）

2. 中（4.0 cm≤夏伐桑枝条围度≤5.5 cm；4.5 cm≤春伐桑枝条围度≤6.0 cm）

3. 粗（夏伐桑枝条围度>5.5 cm；春伐桑枝条围度>6.0 cm）

4.2.6 枝条皮色

桑树休眠期一年生枝条表皮的颜色。

1. 灰　2. 黄　3. 青　4. 褐　5. 棕　6. 紫

4.2.7 枝条曲直

一年生枝条弯曲程度。

1. 直　2. 微曲　3. 弯曲

4.2.8 节距

一年生枝条中部节间的长度，单位为cm，精确到0.1 cm。

4.2.9 皮孔形状

一年生枝条中部皮孔的形状。

1. 线形　2. 椭圆形　3. 圆形

4.2.10 皮孔大小

一年生枝条中部皮孔的大小。

1. 小　2. 中　3. 大

4.2.11 皮孔密度

一年生枝条中部1 cm^2表皮面积内的皮孔数，单位为个/cm^2，精确到1个/cm^2。

4.2.12　叶序

叶片在一年生枝条中部的排列方式。参照图1。

1. 1/2　2. 1/3　3. 2/5　4. 3/8

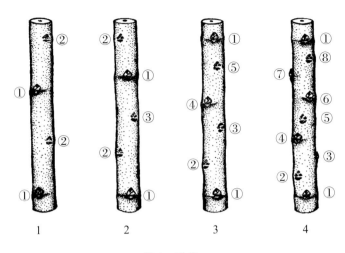

图1　叶序

4.2.13　冬芽形状

休眠期桑树一年生枝条中部芽的形状。参照图2。

1. 短三角形　2. 正三角形　3. 长三角形　4. 盾形　5. 球形　6. 卵圆形

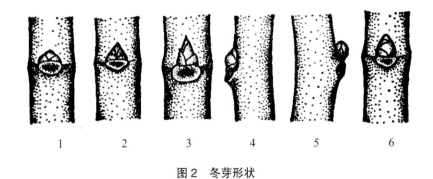

图2　冬芽形状

4.2.14　冬芽大小

休眠期桑树一年生枝条中部芽的大小。

1. 小　2. 中　3. 大

4.2.15　冬芽颜色

休眠期桑树一年生枝条中部冬芽的颜色。

1. 黄　2. 褐　3. 棕　4. 紫

4.2.16　冬芽着生状态

休眠期桑树一年生枝条上桑芽的着生状态。参照图3。

1. 贴生　2. 尖离　3. 腹离

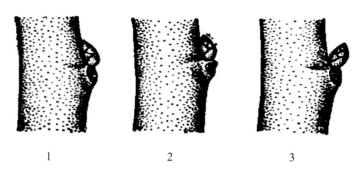

1　　　　　　　2　　　　　　　3

图3　冬芽着生状态

4.2.17　叶痕

休眠期桑树一年生枝条中部叶柄脱落处的痕迹。

1. 肾形　2. 椭圆形　3. 半圆形　4. 圆形

4.2.18　副芽比例

休眠期桑树一年生枝条中副芽占主芽的比例，单位为%，精确到1%。

4.2.19　副芽多少

依据副芽比例确定的副芽多少。

0. 无

1. 少（0<副芽比例≤10%）

2. 较少（10<副芽比例≤20%）

3. 较多（20<副芽比例≤30%）

4. 多（副芽比例>30%）

4.2.20　叶片着生状态

一年生枝条中部成熟叶的着生状态。

1. 向上　2. 平伸　3. 下垂

4.2.21　叶片展开状态

一年生枝条中部成熟叶的展开状态。

1. 平展　2. 扭曲　3. 边卷翘　4. 边波翘

4.2.22　叶片类型

全株桑树叶片的类型。

1. 全叶　2. 裂叶　3. 全裂混生

4.2.23　全叶形状

一年生枝条中部成熟叶的形状。参照图4。

1. 阔心脏形　2. 心脏形　3. 长心脏形　4. 椭圆形　5. 卵圆形

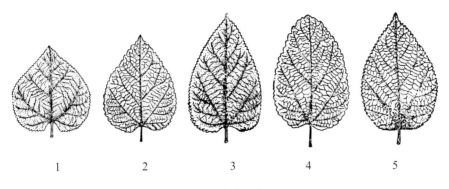

图 4　全叶形状

4.2.24　裂叶缺刻数

1.1　2.2　3.3　4.4　5.5　6.多

4.2.25　缺刻深浅

1.浅裂　2.中裂　3.深裂

4.2.26　叶长

一年生枝条中部成熟叶的叶片长度，叶片长度（L）=中脉长度（l_m）+顶部伸展长度（l_a）+基部伸展长度（l_b），单位为cm，精确到0.1 cm。参照图5。

其中：中脉长度（l_m）为中脉的底端到顶端的长度；顶部伸展长度（l_a）为中脉最顶端到叶组织延伸的最顶端的距离，当中脉两边l_a长度不对等时，选取较长的一端；基部伸展长度（l_b）为中脉最底端到叶组织最底端的距离，当中脉两边l_b长度不对等时，选取较长的一端。

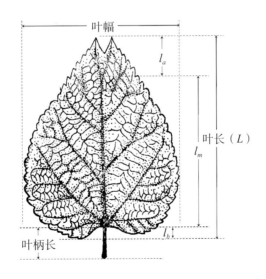

图 5　叶长、叶幅和叶柄长

4.2.27　叶幅

一年生枝条中部成熟叶最宽处的幅度，单位为cm，精确到0.1 cm。参照图5。

4.2.28　100 cm²叶片重

100 cm²一年生枝条中部成熟叶片的质量，单位为g，精确到0.1 g。

4.2.29 叶厚薄

依据100 cm²叶片重确定的叶片厚薄。

1. 薄（100 cm²叶片重<1.6 g）

2. 较薄（1.6 g≤100 cm²叶片重<1.9 g）

3. 较厚（1.9 g≤100 cm²叶片重<2.2 g）

4. 厚（100 cm²叶片重≥2.2 g）

4.2.30 叶色

一年生枝条中部成熟叶上表面的颜色。

1. 淡绿　2. 翠绿　3. 深绿　4. 墨绿

4.2.31 叶面光泽

一年生枝条中部成熟叶上表面光泽的强弱、有无。

0. 无光泽　1. 弱　2. 较弱　3. 较强　4. 强

4.2.32 叶面糙滑

一年生枝条中部成熟叶片表面光滑、粗糙的程度。

1. 光滑　2. 微糙　3. 粗糙

4.2.33 叶面缩皱

一年生枝条中部成熟叶片表面缩皱的程度。

1. 无皱　2. 微皱　3. 波皱　4. 泡皱

4.2.34 叶尖形状

一年生枝条中部成熟叶片叶尖的形状。参照图6。

1. 双头　2. 钝头　3. 锐头　4. 短尾状　5. 长尾状

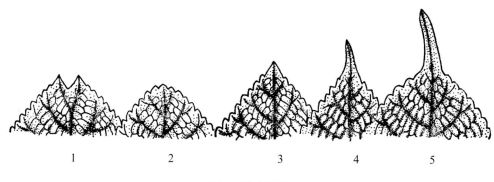

图6　叶尖形状

4.2.35 叶基形状

一年生枝条中部成熟叶片叶基的形状。参照图7。

1. 楔形　2. 圆形　3. 截形　4. 肾形　5. 浅心形　6. 心形　7. 深心形

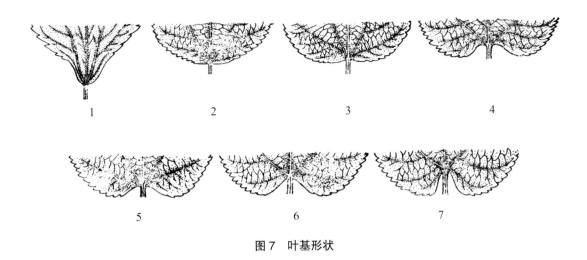

图7 叶基形状

4.2.36 叶缘形状

一年生枝条中部成熟叶片叶缘的形状。参照图8。

1. 锐齿　2. 钝齿　3. 乳头齿

图8 叶缘形状

4.2.37 叶缘齿尖形态

一年生枝条中部成熟叶片叶缘突起、芒刺的有无。参照图9。

0. 无突起或芒刺　1. 突起　2. 芒刺

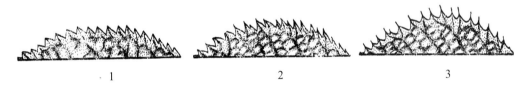

图9 叶缘齿尖形态

4.2.38 嫩叶颜色

桑树枝条顶部幼嫩叶片的颜色。

1. 淡绿　2. 淡紫

4.2.39 叶柄长度

一年生枝条中部成熟叶的叶柄长度，单位为cm，精确到0.1 cm。参照图5。

4.2.40 叶柄长短

依据叶柄长度确定的叶柄长短。

1. 短（叶柄长度<4.0 cm）

2. 中（4.0 cm≤叶柄长度≤5.5 cm）

3. 长（叶柄长度>5.5 cm）

4.2.41 叶上表皮毛

桑树叶片上表皮的毛状附属物。

0. 无　1. 有

4.2.42 叶下表皮毛

桑树叶片下表皮的毛状附属物。

0. 无　1. 有

4.2.43 花性

树型养成后桑树开花的特性。

1. 无花　2. 雌　3. 雄　4. 雌雄同花　5. 雌雄同穗　6. 雌雄同株

4.2.44 花叶开放次序

树型养成后春季花和叶片的开放顺序。

1. 花叶同开　2. 先花后叶　3. 先叶后花

4.2.45 雄穗长度

完全开放的雄花穗的长度，单位为cm，精确到0.1 cm。

4.2.46 雄穗长短

依据雄穗长度确定的雄穗长短。

1. 短（雄穗长度<3.0 cm）

2. 中（3.0 cm≤雄穗长度≤5.0 cm）

3. 长（雄穗长度>5.0 cm）

4.2.47 雄穗率

雄花芽数占发芽数的比率，以%表示，精确到1%。

4.2.48 雌穗率

雌花芽数占发芽数的比率，以%表示，精确到1%。

4.2.49 花多少

依据雄穗率、雌穗率确定的花多少。

1. 少〔雄（雌）穗率<20%〕

2. 较少〔20%≤雄（雌）穗率<40%〕

3. 中等〔40%≤雄（雌）穗率<60%〕

4. 较多〔60%≤雄（雌）穗率<80%〕

5. 多〔雄（雌）穗率≥80%〕

4.2.50 花柱

雌花柱头与子房间的部分。参照图10。

0. 无　1. 短　2. 长

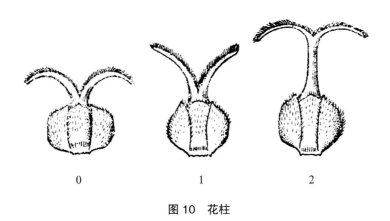

图 10 花柱

4.2.51 柱头

雌花柱头内侧附属物的形态特征。

1. 毛 2. 突起

4.2.52 果颜色

桑果成熟时的颜色。

1. 白 2. 绿 3. 红 4. 紫 5. 黑

4.2.53 果形状

成熟桑果的形状。

1. 球形 2. 椭圆形 3. 圆筒形 4. 长圆筒形

4.2.54 果长

成熟桑果果蒂至果顶的长度，单位为cm，精确到0.1 cm。参照图11。

4.2.55 果长短

依据果长确定的果长短。

1. 短（果长<2.0 cm）

2. 中（2.0cm≤果长≤3.0 cm）

3. 长（果长>3.0 cm）

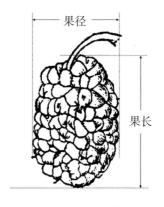

图 11 果长、果径

4.2.56 果径

成熟桑果最粗处的横径，单位为cm，精确到0.1 cm。参照图11。

4.2.57 单果重

单个成熟桑果的质量，单位为g，精确到0.1 g。

4.2.58 染色体数

体细胞染色体的数目。

4.2.59 分子标记

桑树种质指纹图谱和重要性状的分子标记类型及其特征参数。

1. RAPD 2. RFLP 3. AFLP 4. SSR 5. CAPS 6. ISSR 7. 其他

4.3 生物学特性

4.3.1 脱苞期

春季发芽时，枝条中上部芽的幼叶尖露出芽鳞的日期，表示方法为"MMDD"。

4.3.2 鹊口期

春季发芽时，枝条中上部萌发芽形成抱合状幼叶展开的日期，表示方法为"MMDD"。

4.3.3 开叶期

开一叶至五叶的日期，表示方法为"MMDD"。

4.3.4 叶片成熟期

春季80%止芯芽叶片成熟的日期，表示方法为"MMDD"。

4.3.5 叶片硬化期

秋季叶片的硬化率达60%的日期，表示方法为"MMDD"。

4.3.6 初花期

少数花穗露出且可见花穗柄但雄花花药未开放，或雌花柱头未展开的日期，表示方法为"MMDD"。

4.3.7 盛花期

60%花穗露出且雄花花药开放，或雌花柱头伸展呈白色的日期，表示方法为"MMDD"。

4.3.8 桑果成熟期

60%桑果成熟，呈现固有颜色的日期，表示方法为"MMDD"。

4.4 产量性状

4.4.1 发条数

桑树春伐或夏伐后新梢发生数。

4.4.2 发条力

依据发条数多少确定的发条力。

1.弱（低干桑发条数<7；中干桑发条数<10）

2.中（7≤低干桑发条数≤10；10≤中干桑发条数≤15）

3.强（低干桑发条数>10；中干桑发条数>15）

4.4.3 发芽率

树型养成后发芽数占总芽数的比率，以%表示，精确到0.1%。

4.4.4 生长芽率

春壮蚕期生长芽数占总芽数的比率，以%表示，精确到0.1%。

4.4.5 单株产叶量

一年中各季产叶量之和，单位为g，精确到1 g。

4.4.6 春单株总条长

春季单株枝条长度的总和，单位为m，精确到0.01 m。

4.4.7 秋单株总条长

秋季单株枝条长度的总和，单位为m，精确到0.01 m。

4.4.8 春米条产叶量

春季单株产叶量除以单株总条长所得值，单位为g/m，精确到1 g/m。

4.4.9 秋米条产叶量

秋季单株产叶量除以单株总条长所得值，单位为g/m，精确到1 g/m。

4.4.10 春公斤叶片数

春季每公斤桑叶的叶片数，单位为片/公斤，精确到1片/公斤。

4.4.11 秋公斤叶片数

秋季每公斤桑叶的叶片数，单位为片/公斤，精确到1片/公斤。

4.4.12 叶梗比

桑树叶片量占梗叶（枝条+叶片+新梢+桑椹）总量的比率，以%表示，精确到0.1%。

4.4.13 梢梗比

新梢量占梗叶（枝条+叶片+新梢+桑椹）总量的比率，以%表示，精确到0.1%。

4.4.14 条梗比

桑树枝条量占梗叶（枝条+叶片+新梢+桑椹）总量的比率，以%表示，精确到0.1%。

4.4.15 椹梗比

桑椹量占梗叶（枝条+叶片+新梢+桑椹）总量的比率，以%表示，精确到0.1%。

4.4.16 坐果率

春季单株着果数占总雌花数的百分率，以%表示，精确到0.1%。

4.4.17 单株产果量

单株收获的成熟桑果的质量，单位为g，精确到1 g。

4.4.18 米条产果量

单株产果量除以单株总条长所得值，单位为g/m，精确到1 g/m。

4.5 品质性状

4.5.1 春粗蛋白含量

春季成熟叶片中粗蛋白质质量占干物总质量的比率，以%表示，精确到0.01%。

4.5.2 秋粗蛋白含量

秋季成熟叶片中粗蛋白质质量占干物总质量的比率，以%表示，精确到0.01%。

4.5.3 春可溶糖含量

春季成熟叶片中可溶性糖质量占干物总质量的比率，以%表示，精确到0.01%。

4.5.4 秋可溶糖含量

秋季成熟叶片中可溶性糖质量占干物总质量的比率，以%表示，精确到0.01%。

4.5.5 春五龄经过

春蚕期用待鉴桑种质饲育家蚕,从5龄饷食至盛上蔟所经过的时间,单位为d和h。表示方法为"DDHH"。

4.5.6 春虫蛹统一生命率

春蚕期用待鉴桑种质饲育家蚕,结茧头数与死笼头数之差除以饲育头数的百分率,以%表示,精确到0.1%。

4.5.7 春全茧量

春蚕期用待鉴桑种质饲育家蚕,所获得的一粒鲜茧构成的所有部分的质量,即茧壳、蜕皮和蚕蛹的总质量,单位为g,精确到0.01 g。

4.5.8 春茧层量

春蚕期用待鉴桑种质饲育家蚕,所获得的有缫丝实用价值的茧壳质量,不包括茧衣、蜕皮和蚕蛹的质量,单位为g,精确到0.01 g。

4.5.9 春茧层率

春蚕期用待鉴桑种质饲育家蚕,所获得的蚕茧中雌雄平均茧层量占雌雄平均全茧量的百分比,以%表示,精确到0.01%。

4.5.10 秋五龄经过

秋蚕期用待鉴桑种质饲育家蚕,从5龄饷食至盛上蔟所经过的时间,单位为d和h。表示方法为"DDHH"。

4.5.11 秋虫蛹统一生命率

秋蚕期用待鉴桑种质饲育家蚕,结茧头数与死笼头数之差除以饲育头数的百分率,以%表示,精确到0.1%。

4.5.12 秋全茧量

秋蚕期用待鉴桑种质饲育家蚕,所获得的一粒鲜茧构成的所有部分的质量,即茧壳、蜕皮和蚕蛹的总质量,单位为g,精确到0.01 g。

4.5.13 秋茧层量

秋蚕期用待鉴桑种质饲育家蚕,所获得的有缫丝实用价值的茧壳质量,不包括茧衣、蜕皮和蚕蛹的质量,单位为g,精确到0.01 g。

4.5.14 秋茧层率

秋蚕期用待鉴桑种质饲育家蚕,所获得的蚕茧中雌雄平均茧层量占雌雄平均全茧量的百分比,以%表示,精确到0.01%。

4.5.15 春万蚕收茧量

春蚕期用待鉴桑种质饲育家蚕,根据收茧量计算春万蚕收茧量,单位为kg,精确到0.001 kg。

4.5.16 秋万蚕收茧量

秋蚕期用待鉴桑种质饲育家蚕,根据收茧量计算春万蚕收茧量,单位为kg,精确到0.001 kg。

4.5.17　春万蚕茧层量

春蚕期用待鉴桑种质饲育家蚕，根据收茧量、茧层率计算春万蚕茧层量，单位为kg，精确到0.001 kg。

4.5.18　秋万蚕茧层量

秋蚕期用待鉴桑种质饲育家蚕，根据收茧量、茧层率计算秋万蚕茧层量，单位为kg，精确到0.001 kg。

4.5.19　春50 kg桑产茧量

春蚕期用待鉴桑种质芽叶饲育家蚕，根据收茧量、用桑量计算春50 kg桑收茧量，单位为kg，精确到0.001 kg。

4.5.20　秋50 kg桑产茧量

秋蚕期用待鉴桑种质片叶饲育家蚕，根据收茧量、用桑量计算春50 kg桑收茧量，单位为kg，精确到0.001 kg。

4.5.21　桑果整齐度

春季新鲜成熟桑果的大小、色泽等性状的一致性。

1.差　2.中　3.好

4.5.22　桑果汁液

春季新鲜成熟桑果汁液含量的多少。

1.少　2.中　3.多

4.5.23　桑果风味

春季新鲜成熟桑果的口味。

1.淡　2.酸　3.较酸　4.酸中带甜　5.甜中带酸　6.较甜　7.甜

4.5.24　桑果水分含量

春季新鲜成熟桑果中的水分含量，以%表示，精确到0.01%。

4.5.25　桑果维生素C含量

春季单位鲜重成熟桑果中的维生素C含量，以%表示，精确到0.001%。

4.5.26　桑果可溶性固形物含量

春季新鲜成熟桑果中可溶性固形物的含量，以%表示，精确到0.01%。

4.5.27　桑果可溶性糖含量

春季新鲜成熟桑果中可溶性糖的含量，以%表示，精确到0.01%。

4.5.28　桑果可滴定酸含量

春季新鲜成熟桑果中可滴定酸的含量，以%表示，精确到0.01%。

4.6　抗性性状

4.6.1　耐旱性

桑树对土壤干旱、大气干旱或生理干旱的忍耐或抵抗能力，依据干旱条件下桑树枝条的止芯率确定。

1. 弱（止芯率>80%）

2. 中（60%≤止芯率≤80%）

3. 强（止芯率<60%）

4.6.2 耐寒性

桑树对寒冷的忍耐或抵抗能力，依据条长冻枯率确定。

1. 弱（冻枯率>30%）

2. 中（10%≤冻枯率≤30%）

3. 强（冻枯率<10%）

4.6.3 桑黄化型萎缩病抗性

桑树植株对黄化型萎缩病抗性的强弱，依据发病率确定。

1. 易感（株发病率>20.0%）

3. 感病（10.0%≤株发病率<20.0%）

5. 中抗（5.0%≤株发病率<10.0%）

7. 抗（2.0%≤株发病率<5.0%）

9. 高抗（株发病率<2.0%）

4.6.4 桑黑枯型细菌（*Pseudomonas syringae* pv. *mori* Van Hall.）病抗性

桑树植株对桑黑枯型细菌病抗性的强弱，依据病情指数（DI）确定[①]。

1. 易感（$DI > DI_{桐乡青，南河20号}$）

3. 感病（$DI_{湖桑32号} < DI \leq DI_{桐乡青，南河20号}$）

5. 中抗（$DI_{湖桑199号} < DI \leq DI_{湖桑32号}$）

7. 高抗（$DI \leq DI_{湖桑199号}$）

---

① 指标中提供的对照种质"桐乡青""南河20号""湖桑32号"及"湖桑199号"是为了方便标准使用，不代表对该种质的认可和推荐，任何可以得到与该对照种质相同结果的种质均可作为对照种质。

附录二 桑树种质资源考察收集数据采集表

共性信息					
采集号		种质名称		采集日期	
种名		种质来源	1.当地□ 2.外地□（ ）3.外国□（ ）		
种质类型	1.野生资源□ 2.地方品种□ 3.选育品种□ 4.品系□ 5.遗传材料□ 6.其他□				
收集地点	省（区、市） 市（州、盟） 县（市、区） 镇（乡） 村				
收集地经度		收集地纬度		收集地海拔	m
收集穗条数量	条	收集标本数量	份	收集场所 1.田间□ 2.旷野□ 3.庭院□ 4.其他□	
收集地土壤类型	1.红壤□ 2.黄壤□ 3.棕壤□ 4.褐土□ 5.黑土□ 6.黑钙土□ 7.栗钙土□ 8.盐碱土□ 9.漠土□ 10.沼泽土□ 11.高山土□ 12.其他□				
收集地土壤pH值		年均气温	℃	年均降水 mm 年均日照 h	
采集单位		采集者			

特定信息					
种质分布	1.广□ 2.窄□ 3.少□	种质群落	1.群生□ 2.散生□		
采集地气候带	1.热带□ 2.亚热带□ 3.暖温带□ 4.温带□ 5.寒温带□ 6.寒带□				
采集地地形	1.平原□ 2.山地□ 3.丘陵□ 4.盆地□ 5.高原□				
采集地地势	1.平坦□ 2.起伏□ 3.坑洼□	采集地坡向	1.阳坡□ 2.阴坡□	采集地坡度	（°）
采集地小环境	1.涝洼地□ 2.沼泽地□ 3.乱石滩□ 4.林下□ 5.林缘□ 6.林间□ 7.灌丛□ 8.竹林□ 9.池塘□ 10.山顶□ 11.山腰□ 12.山脚□ 13.田埂□ 14.田边□ 15.田间□ 16.路旁□ 17.沟底□ 18.沙岗□ 19.河滩□ 20.河谷□ 21.溪边□ 22.海滩□ 23.湖边□ 24.草地□ 25.庭院□ 26.村边□ 27.其他□				
采集地生态系统	1.农田□ 2.森林□ 3.草地□ 4.荒漠□ 5.湖泊□ 6.湿地□ 7.海湾□				
采集地植被	1.针叶林□ 2.阔叶林□ 3.灌丛□ 4.荒漠和旱生灌丛□ 5.草原□ 6.草甸□ 7.草本沼泽□ 8.其他□				
主要伴生植物		选育单位		选育方法	
育成年份		亲本组合		推广面积	hm²

主要特征特性信息					
胸围	m	冠幅	m	主干高 m	树高 m
枝条皮色	1.灰□ 2.黄□ 3.青□ 4.褐□ 5.棕□ 6.紫□		冬芽颜色	1.黄□ 2.褐□ 3.棕□ 4.紫□	
冬芽形状	1.短三角形□ 2.正三角形□ 3.长三角形□ 4.盾形□ 5.球形□ 6.卵圆形□				
冬芽大小	1.小□ 2.中□ 3.大□	叶片类型	1.全叶□ 2.裂叶□ 3.全裂混生□		
全叶形状	1.阔心脏形□ 2.心脏形□ 3.长心脏形□ 4.椭圆形□ 5.卵圆形□				
裂叶缺刻数	1.1□ 2.2□ 3.3□ 4.4□ 5.5□ 6.多□	缺刻深浅	1.浅裂□ 2.中裂□ 3.深裂□		
叶尖形状	1.双头□ 2.钝头□ 3.锐头□ 4.短尾状□ 5.长尾状□				
叶基形状	1.浅心形□ 2.心形□ 3.深心形□ 4.截形□ 5.圆形□ 6.肾形□ 7.楔形□				
叶缘形状	1.锐齿□ 2.钝齿□ 3.乳头齿□	叶色	1.淡绿□ 2.翠绿□ 3.深绿□ 4.墨绿□		
叶上表皮毛	1.无□ 2.有□	叶下表皮毛	1.无□ 2.有□	叶缘齿尖形态	1.无突起或芒刺□ 2.突起□ 3.芒刺□
叶面光泽	1.无光泽□ 2.弱□ 3.较弱□ 4.较强□ 5.强□				
叶面粗滑	1.光滑□ 2.微糙□ 3.粗糙□	叶面缩皱	1.无皱□ 2.微皱□ 3.波皱□ 4.泡皱□		
花性	1.雌□ 2.雄□ 3.雌雄同株□ 4.无花□ 5.其他□				
雄穗长短	1.短□ 2.中等□ 3.长□	雄穗多少	1.少□ 2.较少□ 3.中等□ 4.较多□ 5.多□		
葚长短	1.短□ 2.中等□ 3.长□	葚多少	1.少□ 2.较少□ 3.中等□ 4.较多□ 5.多□		
柱头	1.毛□ 2.突起□	花柱	1.无□ 2.短□ 3.长□		
葚颜色	1.白□ 2.绿□ 3.红□ 4.紫□ 5.黑□				
附记					

填写说明：在考察收集种质资源时，要求将已知的或采集过程中可以随即观察、测量到的数据或有关信息，尽可能多地填写。表内已有代码的，在相应代码后"□"内打"√"即可。